#모든문제유형
#기본부터_실력까지

# 유형
# 해결의 법칙

Chunjae
Makes
Chunjae

▼

# [ 유형 해결의 법칙 ] 초등 수학 2-1

**기획총괄**    김안나
**편집개발**    이근우, 서진호, 김현주, 김정민
**디자인총괄**  김희정
**표지디자인**  윤순미, 여화경
**내지디자인**  박희춘, 이혜미
**제작**      황성진, 조규영

**발행일**    2023년 10월 15일 개정초판  2023년 10월 15일 1쇄
**발행인**    (주)천재교육
**주소**      서울시 금천구 가산로9길 54
**신고번호**   제2001-000018호
**고객센터**   1577-0902

# 유형 해결의 법칙 QR 활용 안내

## 오답 노트

### 틀린 문제 저장! 출력!

학습을 마칠 때에는 **오답노트**에 어떤 문제를 틀렸는지 표시해.
나중에 틀린 문제만 모아서 다시 풀면 **실력도 쑥쑥** 늘겠지?

① 오답노트 앱을 설치 후 로그인
② 책 표지의 QR 코드를 스캔하여 내 교재 등록
③ 오답 노트를 작성할 교재 아래에 있는 ⓜ 를 터치하여 문항 번호를 선택하기

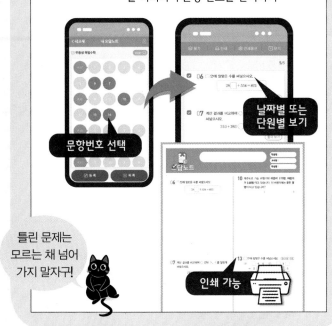

**문항번호 선택**

**날짜별 또는 단원별 보기**

**인쇄 가능**

틀린 문제는 모르는 채 넘어 가지 말자구!

## 자세한 개념 동영상

단원별로 필요한 기본 개념은 QR을 찍어 동영상으로 자세하게 학습할 수 있습니다.

**1단계 핵심 개념**  1. 세 자리 수

개념에 대한 자세한 동영상 강의를 시청하세요.

## 문제 생성기

추가적인 문제는 QR을 찍으면 더 풀 수 있습니다.

**기초 문제**  **QR 코드를 찍어 보세요.**
새로운 문제를 계속 풀 수 있어요.

## 모든 문제의 풀이 동영상 강의 제공

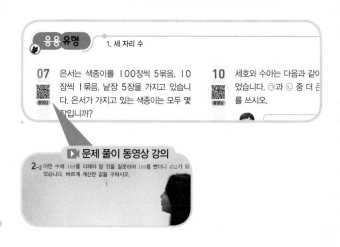

**응용 유형**  1. 세 자리 수

07 은서는 색종이를 100장씩 5묶음, 10장씩 1묶음, 낱장 5장을 가지고 있습니다. 은서가 가지고 있는 색종이는 모두 몇 장입니까?

10 세호와 수아는 다음과 같이 ...었습니다. ㉠과 ㉡ 중 더 큰 ...를 쓰시오.

▶ **문제 풀이 동영상 강의**

2-2 어떤 수에 169를 더해야 할 것을 잘못하여 169를 뺐더니 452가 되었습니다. 바르게 계산한 값을 구하시오.

**기본** 난이도 하와 중의 문제로 구성하였습니다.

## 1단계 핵심 개념 +기초 문제

단원별로 꼭 필요한 핵심 개념만 모았습니다.
필요한 기본 개념은 QR을 찍어 동영상으로 학습
할 수 있습니다.
단원별 기초 문제를 통해 기초력 확인을 하고
추가적인 문제는 QR을 찍으면 더 풀 수 있습니다.

▶ 개념 동영상 강의 제공    문제 생성기

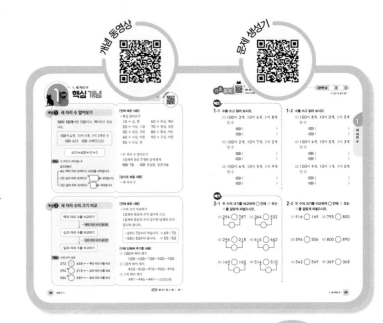

## 2단계 기본 유형 +잘 틀리는 유형 +서술형 유형

단원별로 기본적인 유형에 해당하는 문제와
잘 틀리는 유형으로 오답을 피할 수 있고 서술형
유형은 서술형 문제를 연습할 수 있습니다.

▶ 동영상 강의 제공

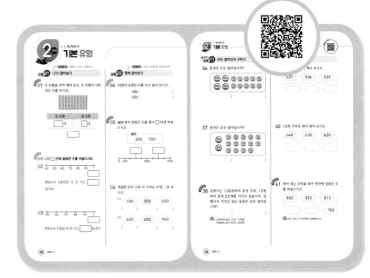

## 3단계 유형(단원) 평가

단원별로 공부한 기본 유형을 제대로 공부했는지
유형 평가를 통해 복습할 수 있습니다.

단원 평가 제공

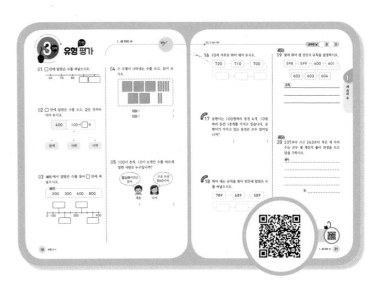

## 잘 틀리는 실력 유형

## 다르지만 같은 유형

잘 틀리는 실력 유형으로 오답을 피할 수 있도록
연습하고 새 교과서에 나온 활동 유형으로 다른
교과서에 나오는 잘 틀리는 문제를 연습합니다.
다르지만 같은 유형으로 어려운 문제도 결국 같은
유형이라는 것을 안다면 쉽게 해결할 수 있습니다.

▶ 동영상 강의 제공

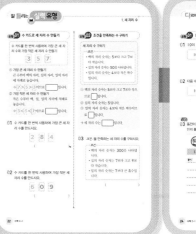

## 응용 유형

응용 유형 문제를 풀면서 어려운 문제도 풀 수 있는
힘을 키워 보세요.

▶ 동영상 강의 제공

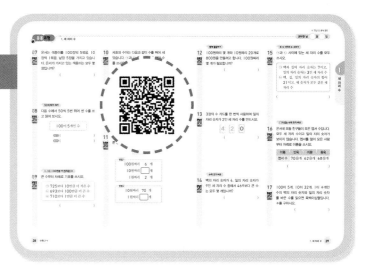

## 사고력 유형

## 최상위 유형

평소 쉽게 접하지 않은 사고력 유형도
연습할 수 있습니다.
도전! 최상위 유형~ 가장 어려운 최상위 문제를
풀려고 도전해 보세요.

▶ 동영상 강의 제공

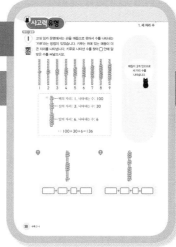
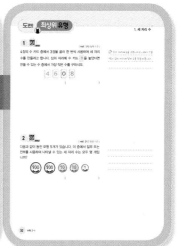

# 차례

# 1

# 세 자리 수

# 학습 계획표

계획표대로 공부했으면 ○표, 못했으면 △표 하세요.

| 내용 | 쪽수 | 날짜 | | 확인 |
|---|---|---|---|---|
| ❶단계 핵심 개념+기초 문제 | 8~9쪽 | 월 | 일 | |
| ❷단계 기본 유형 | 10~15쪽 | 월 | 일 | |
| ❷단계 잘 틀리는 유형+서술형 유형 | 16~17쪽 | 월 | 일 | |
| ❸단계 유형(단원) 평가 | 18~21쪽 | 월 | 일 | |
| 잘 틀리는 실력 유형 | 22~23쪽 | 월 | 일 | |
| 다르지만 같은 유형 | 24~25쪽 | 월 | 일 | |
| 응용 유형 | 26~29쪽 | 월 | 일 | |
| 사고력 유형 | 30~31쪽 | 월 | 일 | |
| 최상위 유형 | 32~33쪽 | 월 | 일 | |

# 핵심 개념
### 1단계

개념에 대한 **자세한 동영상 강의**를 시청하세요.

## 개념 ❶ 세 자리 수 알아보기

**10**이 **10**개이면 **100**이고, 백이라고 읽습니다.

> **100**이 **4**개, **10**이 **8**개, **1**이 **3**개인 수
> (쓰기) **483**　　(읽기) **사백팔십삼**

> **483 = 400 + 80 + 3**

**핵심** 각 자리가 나타내는 수

483에서

┌ 4는 백의 자리 숫자이고 400을 나타냅니다.

├ 8은 십의 자리 숫자이고 ❶ [ ]을 나타냅니다.

└ 3은 일의 자리 숫자이고 ❷ [ ]을 나타냅니다.

### [전에 배운 내용]
- 몇십 알아보기

  | | |
  |---|---|
  | 10 ➡ 십, 열 | 60 ➡ 육십, 예순 |
  | 20 ➡ 이십, 스물 | 70 ➡ 칠십, 일흔 |
  | 30 ➡ 삼십, 서른 | 80 ➡ 팔십, 여든 |
  | 40 ➡ 사십, 마흔 | 90 ➡ 구십, 아흔 |
  | 50 ➡ 오십, 쉰 | |

- 두 자리 수 알아보기

  10개씩 묶음 7개와 낱개 8개

  (쓰기) **78**　　(읽기) 칠십팔, 일흔여덟

### [앞으로 배울 내용]
- 네 자리 수

## 개념 ❷ 세 자리 수의 크기 비교

> 백의 자리 수를 비교하기
>
> ↓ 백의 자리 수가 같다면
>
> 십의 자리 수를 비교하기
>
> ↓ 십의 자리 수가 같다면
>
> 일의 자리 수를 비교하기

**핵심** 수의 크기 비교

372 ( < ) 458 ⟵ 백의 자리 수를 비교

294 ❸( ) 215 ⟵ 십의 자리 수를 비교

586 ❹( ) 589 ⟵ 일의 자리 수를 비교

### [전에 배운 내용]
- 수의 크기 비교하기

  10개씩 묶음의 수가 클수록 크고,
  10개씩 묶음의 수가 같으면 낱개의 수가 클수록 큽니다.

  > • 69는 72보다 작습니다. ➡ 69 < 72
  > • 55는 53보다 큽니다. ➡ 55 > 53

### [이번 단원에 추가할 내용]
① 100씩 뛰어 세기

　　500 - 600 - 700 - 800 - 900

② 10씩 뛰어 세기

　　950 - 960 - 970 - 980 - 990

③ 1씩 뛰어 세기

　　997 - 998 - 999 - 1000(천)

## 1-1 수를 쓰고 읽어 보시오.

(1) 100이 3개, 10이 6개, 1이 8개
인 수

쓰기 (                    )

읽기 (                    )

(2) 100이 2개, 10이 7개, 1이 2개
인 수

쓰기 (                    )

읽기 (                    )

(3) 100이 6개, 10이 5개, 1이 9개
인 수

쓰기 (                    )

읽기 (                    )

## 1-2 수를 쓰고 읽어 보시오.

(1) 100이 8개, 10이 0개, 1이 5개
인 수

쓰기 (                    )

읽기 (                    )

(2) 100이 4개, 10이 0개, 1이 3개
인 수

쓰기 (                    )

읽기 (                    )

(3) 100이 9개, 10이 1개, 1이 0개
인 수

쓰기 (                    )

읽기 (                    )

## 2-1 두 수의 크기를 비교하여 ○ 안에 > 또는 <를 알맞게 써넣으시오.

(1) 294 ○ 787     (2) 364 ○ 932

(3) 296 ○ 218     (4) 614 ○ 662

(5) 169 ○ 165     (6) 514 ○ 510

## 2-2 두 수의 크기를 비교하여 ○ 안에 > 또는 <를 알맞게 써넣으시오.

(1) 916 ○ 169     (2) 795 ○ 800

(3) 596 ○ 506     (4) 800 ○ 890

(5) 542 ○ 549     (6) 369 ○ 368

## 2<sub>단계</sub> 기본유형

1. 세 자리 수

유형 01 100 알아보기

01 수 모형을 각각 세어 보고, 수 모형이 나타내는 수를 쓰시오.

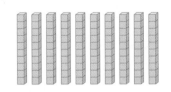

| 십 모형 | 일 모형 |
|---|---|
| ☐ 개 | ☐ 개 |

☐

[02~03] ☐ 안에 알맞은 수를 써넣으시오.

02
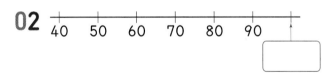
40  50  60  70  80  90

☐

90보다 10만큼 더 큰 수는 ☐ 입니다.

03
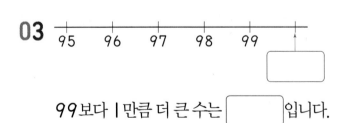
95  96  97  98  99

☐

99보다 1만큼 더 큰 수는 ☐ 입니다.

유형 02 몇백 알아보기

04 100이 6개인 수를 쓰고 읽어 보시오.

쓰기 (          )

읽기 (          )

05 보기 에서 알맞은 수를 찾아 ☐ 안에 써넣으시오.

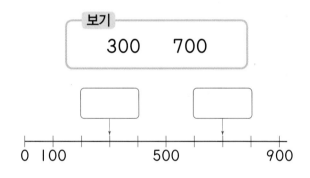

보기
300    700

☐          ☐

0  100          500          900

06 색칠한 칸의 수와 더 가까운 수에 ○표 하시오.

(1)

| 100 | 300 | 400 |
|---|---|---|
| (    ) |  | (    ) |

(2)

| 400 | 600 | 900 |
|---|---|---|
| (    ) |  | (    ) |

→ 핵심 내용 100이 몇 개, 10이 몇 개, 1이 몇 개인
수를 세 자리 수로 나타내기

유형 **03** 세 자리 수 알아보기

**07** 수 모형이 나타내는 수를 쓰시오.

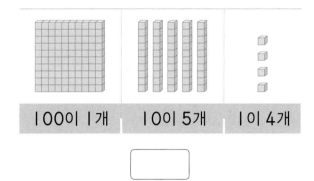

| 100이 1개 | 10이 5개 | 1이 4개 |

**08** 수 모형이 나타내는 수를 쓰고, 읽어 보시오.

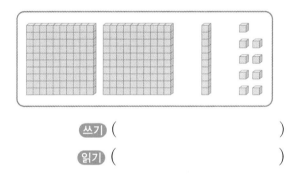

쓰기 (                         )

읽기 (                         )

**09** 동전은 모두 얼마입니까?

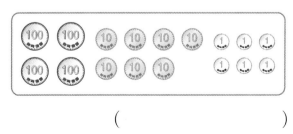

(                         )

**10** 수를 읽거나 읽은 것을 수로 쓰시오.

(1)

| 255 |         |

(2)

|         | 구백사십 |

**11** 100이 5개, 1이 3개인 수를 바르게 말한 사람은 누구입니까?

오백삼이라고 읽어.

수로 쓰면 53이야.

세호        수아

(                         )

**12** 도서관에 책이 100권씩 1상자, 10권씩 3상자, 낱개 8권 있습니다. 책은 모두 몇 권입니까?

(                         )

## 2단계 기본 유형

핵심 내용 ▶ 백의 자리 숫자는 몇백, 십의 자리 숫자는
몇십, 일의 자리 숫자는 몇을 나타냄

유형 04 **각 자리 숫자가 나타내는 수**

익힘책 유형 **13** ☐ 안에 알맞은 수를 써넣으시오.

| 380 | 3은 [          ]을 나타냅니다. |
| | 8은 [          ]을 나타냅니다. |
| | 0은 [          ]을 나타냅니다. |

익힘책 유형 **14** 보기 와 같이 나타내시오.

보기
$$149 = 100 + 40 + 9$$

$725 = $ _____

**15** 403에 대한 설명으로 <u>틀린</u> 것은 어느 것
입니까? ·························(     )

① 4는 백의 자리 숫자입니다.
② 3은 일의 자리 숫자입니다.
③ 4는 400을 나타냅니다.
④ 0은 10을 나타냅니다.
⑤ 3은 3을 나타냅니다.

**16** 밑줄 친 숫자가 얼마를 나타내는지 수 모
형에서 찾아 ○표 하시오.

(1)
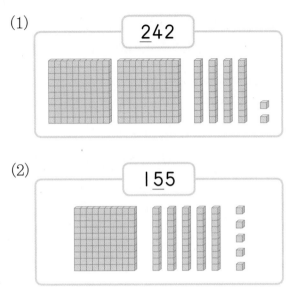
2<u>4</u>2

(2)
1<u>55</u>

**17** 십의 자리 숫자가 3인 수를 쓰시오.

| 537 | 263 | 314 |

(           )

**18** 숫자 5가 나타내는 수가 가장 큰 수를 쓰
시오.

| 925 | 254 | 529 | 425 |

(           )

유형 05 뛰어 세기

**19** 물음에 답하시오.

(1) 100씩 뛰어 세어 보시오.

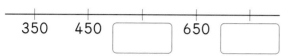

350　450　☐　650　☐

(2) 10씩 뛰어 세어 보시오.

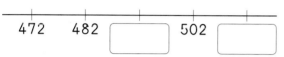

472　482　☐　502　☐

(3) 1씩 뛰어 세어 보시오.

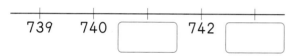

739　740　☐　742　☐

**20** ☐ 안에 알맞은 수를 써넣으시오.

(1)

387　487　587　687　787

⇨ ☐ 씩 뛰어 세었습니다.

(2) 623　633　643　653　663

⇨ ☐ 씩 뛰어 세었습니다.

**21** ㉠에 알맞은 수를 쓰고, 읽어 보시오.

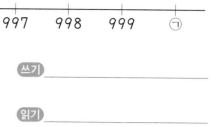

996　997　998　999　㉠

쓰기 _____

읽기 _____

**22** 주어진 \방법/으로 뛰어 셀 때, ㉠에 알맞은 수를 구하시오.

\방법/
200부터 10씩 뛰어 셉니다.

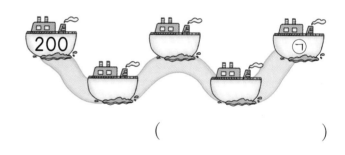

(　　　　　　)

**23** 뛰어 세는 규칙을 찾아 빈칸에 알맞은 수를 써넣으시오.

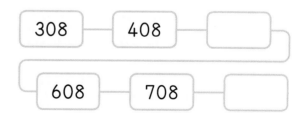

308　408　☐

608　708　☐

세
자
리
수

1

핵심 내용 ▶ 백의 자리 수가 클수록 큰 수

유형 **07** 수의 크기 비교하기(1)

**24** 빈칸에 알맞은 수를 쓰고, ◯ 안에 > 또는 <를 알맞게 써넣으시오.

| | 백의 자리 | 십의 자리 | 일의 자리 |
|---|---|---|---|
| 358 ⇨ | 3 | | 8 |
| 274 ⇨ | | 7 | |

358 ◯ 274

**25** 더 큰 수에 ◯표 하시오.

(1)

오백십구 　　　　 팔백이십삼

(　　　　) 　　　　 (　　　　)

(2)

사백삼십이 　　　　 삼백십팔

(　　　　) 　　　　 (　　　　)

**26** 줄넘기를 정윤이는 561번, 완희는 619번 했습니다. 줄넘기를 더 많이 한 사람은 누구입니까?

(　　　　　　　　　　　　)

핵심 내용 ▶ 백의 자리 수가 같으면 십의 자리 수가 클수록 큰 수

유형 **08** 수의 크기 비교하기(2)

**27** ☐ 안에 수 모형의 수를 써넣고, ◯ 안에 > 또는 <를 알맞게 써넣으시오.

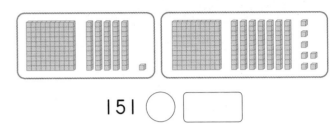

151 ◯ ☐

**28** 두 수의 크기를 바르게 비교한 것을 찾아 기호를 쓰시오.

┌─────────────────────────────┐
│ ㉠ 675<665 　　 ㉡ 713>709 │
└─────────────────────────────┘

(　　　　　　　　　　　　)

**29** 학교와 문구점 중에서 집에서 더 먼 곳은 어디입니까?

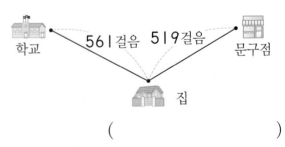

학교 　561걸음　 519걸음 　문구점

집

(　　　　　　　　　　　　)

**핵심 내용** 백의 자리끼리, 십의 자리끼리 수가 같으면
일의 자리 수가 클수록 큰 수

**유형 09** 수의 크기 비교하기(3)

**30** 163과 161의 크기를 비교하려고 합니다. 수직선 위에 두 수를 ↑로 나타내고 ◯ 안에 > 또는 <를 알맞게 써넣으시오.

155        160        165

163 ◯ 161

**31** 왼쪽 수보다 더 작은 수에 ◯표 하시오.

(1)

| 308 | 300 | 400 |
|---|---|---|

(2)

| 708 | 705 | 710 |
|---|---|---|

**32** 가 마을과 나 마을의 병원 수입니다. 병원 수가 더 많은 마을은 어느 마을입니까?

| 마을 | 가 마을 | 나 마을 |
|---|---|---|
| 병원의 수 | 289개 | 287개 |

(                    )

**핵심 내용** 백, 십, 일의 자리 순으로 수의 크기를 비교

**유형 10** 세 수의 크기 비교하기

**33** 빈칸에 알맞은 수를 쓰고, 세 수 중 가장 큰 수와 가장 작은 수를 쓰시오.

|  | 백의 자리 | 십의 자리 | 일의 자리 |
|---|---|---|---|
| 302 ⇨ | 3 |  | 2 |
| 328 ⇨ |  | 2 |  |
| 320 ⇨ |  | 2 |  |

가장 큰 수 (                    )
가장 작은 수 (                    )

**34** 작은 수부터 차례로 쓰시오.

| 840 | 693 | 825 |
|---|---|---|

(                    )

**35** 저금을 수빈이는 780원, 영선이는 720원, 민재는 690원 했습니다. 저금을 가장 많이 한 사람은 누구입니까?

(                    )

## 2단계 기본유형

### 잘 틀리는 유형 11 모두 얼마인지 구하기

**36** 동전은 모두 얼마입니까?

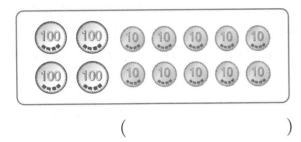

( )

**37** 동전은 모두 얼마입니까?

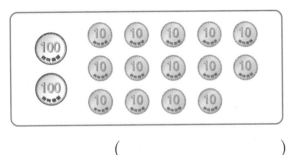

( )

**38** 승현이는 100원짜리 동전 5개, 10원짜리 동전 22개를 가지고 있습니다. 승현이가 가지고 있는 동전은 모두 얼마입니까?

( )

**KEY** 10원짜리 동전 10개: 100원
10원짜리 동전 20개: 200원

### 잘 틀리는 유형 12 거꾸로 뛰어 세기

**39** 1씩 거꾸로 뛰어 세어 보시오.

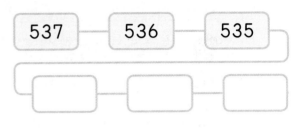

**40** 10씩 거꾸로 뛰어 세어 보시오.

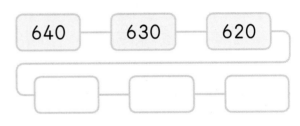

**41** 뛰어 세는 규칙을 찾아 빈칸에 알맞은 수를 써넣으시오.

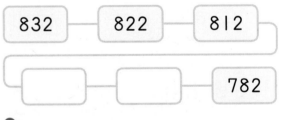

**KEY** 어느 자리 수가 변하는지 살펴봅니다.

## 1-1

몇씩 뛰어 센 것인지 규칙을 완성하시오.

| 390 | 490 | 590 |

| 690 | 790 | 890 |

규칙 백의 자리 수가 [　]씩 커지므로

[　　]씩 뛰어 센 것입니다.

## 2-1

918보다 크고 923보다 작은 세 자리 수는 모두 몇 개인지 풀이 과정을 완성하고 답을 구하시오.

풀이 918보다 크고 923보다 작은 세 자리 수는 [　　], [　　], [　　], [　　]로 모두 [　]개입니다.

답 [　]개

## 1-2

몇씩 뛰어 센 것인지 규칙을 설명하시오.

| 450 | 460 | 470 |

| 480 | 490 | 500 |

규칙

## 2-2

594보다 크고 601보다 작은 세 자리 수는 모두 몇 개인지 풀이 과정을 쓰고 답을 구하시오.

풀이

답 _____

세 자리 수

1

점수

**01** ☐ 안에 알맞은 수를 써넣으시오.

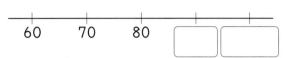

**02** ☐ 안에 알맞은 수를 쓰고, 같은 것끼리 이어 보시오.

| 400 | 100이 ☐ 개 |
|---|---|

• 
•
•

팔백      사백      이백

**03** 보기 에서 알맞은 수를 찾아 ☐ 안에 써 넣으시오.

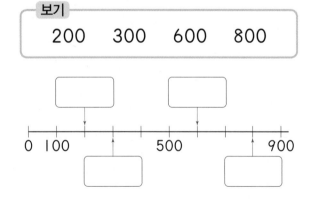

**04** 수 모형이 나타내는 수를 쓰고, 읽어 보시오.

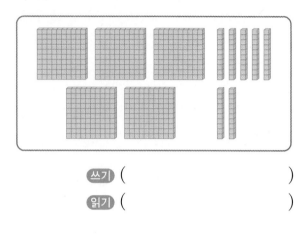

쓰기 (        )

읽기 (        )

**05** 100이 8개, 10이 6개인 수를 바르게 말한 사람은 누구입니까?

세호      수아

(        )

**06** 수민이는 과녁 맞히기 놀이를 하여 100점 짜리 1개, 10점짜리 4개, 1점짜리 6개를 맞혔습니다. 수민이가 얻은 점수는 모두 몇 점입니까?

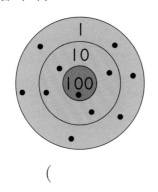

(         )

**07** 508에 대한 설명으로 옳은 것은 어느 것입니까?······················(    )

① 5는 5를 나타냅니다.

② 0은 0을 나타냅니다.

③ 8은 800을 나타냅니다.

④ 백의 자리 숫자는 8입니다.

⑤ 십의 자리 숫자는 8입니다.

**08** 보기 와 같이 나타내시오.

> 보기
> $$853 = 800 + 50 + 3$$

371 = _____

**09** 숫자 9가 나타내는 수가 가장 작은 수를 쓰시오.

| 907 | 589 | 494 |
|---|---|---|

(         )

**10** 주어진 \방법/으로 뛰어 셀 때, ㉠에 알맞은 수를 구하시오.

> \방법/
> 377에서 10씩 뛰어 셉니다.

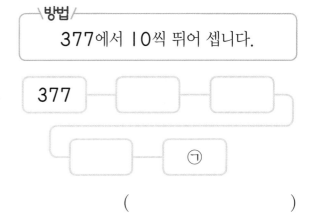

(         )

**11** 뛰어 세는 규칙을 찾아 빈칸에 알맞은 수를 써넣으시오.

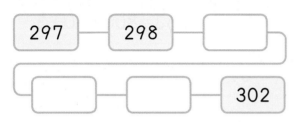

**12** 더 큰 수에 ○표 하시오.

(1)

| 백십구 | 백팔 |
|:---:|:---:|
| ( ) | ( ) |

(2)

| 칠백이십사 | 칠백오십육 |
|:---:|:---:|
| ( ) | ( ) |

**13** 줄넘기를 동현이는 300번, 재현이는 278번 했습니다. 줄넘기를 더 많이 한 사람은 누구입니까?

( )

**14** 큰 수부터 차례로 쓰시오.

| 460 | 402 | 408 |
|:---:|:---:|:---:|

( )

**15** 동전은 모두 얼마입니까?

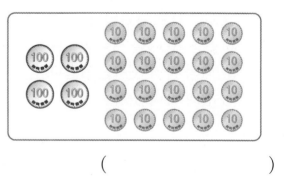

( )

**16** 10씩 거꾸로 뛰어 세어 보시오.

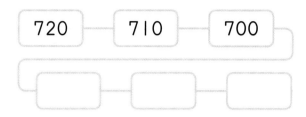

| 720 | 710 | 700 |

**19** 몇씩 뛰어 센 것인지 규칙을 설명하시오.

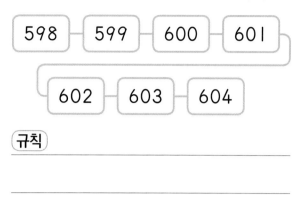

| 598 | 599 | 600 | 601 |

| 602 | 603 | 604 |

규칙 _____

_____

_____

**17** 승현이는 100원짜리 동전 4개, 10원짜리 동전 18개를 가지고 있습니다. 승현이가 가지고 있는 동전은 모두 얼마입니까?

(             )

**20** 237보다 크고 243보다 작은 세 자리 수는 모두 몇 개인지 풀이 과정을 쓰고 답을 구하시오.

풀이 _____

_____

_____

_____

답 _____

**18** 뛰어 세는 규칙을 찾아 빈칸에 알맞은 수를 써넣으시오.

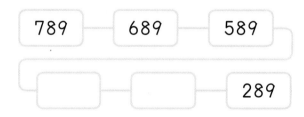

| 789 | 689 | 589 |

| | | 289 |

QR 코드를 찍어 단원평가 를 풀어 보세요.

## 유형 01 수 카드로 세 자리 수 만들기

수 카드를 한 번씩 사용하여 가장 큰 세 자리 수와 가장 작은 세 자리 수 만들기

$$ 3 \quad 5 \quad 7 $$

① 가장 큰 세 자리 수 만들기

큰 수부터 백의 자리, 십의 자리, 일의 자리에 차례로 놓습니다.

→ $7 > 5 > 3$ 이므로 ☐ 입니다.

② 가장 작은 세 자리 수 만들기

작은 수부터 백, 십, 일의 자리에 차례로 놓습니다.

→ $3 < 5 < 7$ 이므로 ☐ 입니다.

**01** 수 카드를 한 번씩 사용하여 가장 큰 세 자리 수를 만드시오.

$$ 2 \quad 8 \quad 4 $$

(          )

**02** 수 카드를 한 번씩 사용하여 가장 작은 세 자리 수를 만드시오.

$$ 6 \quad 0 \quad 9 $$

(          )

## 유형 02 조건을 만족하는 수 구하기

세 자리 수 구하기

조건
- 백의 자리 숫자는 5보다 크고 7보다 작습니다.
- 십의 자리 숫자는 50을 나타냅니다.
- 일의 자리 숫자는 4보다 작은 짝수입니다.

① 백의 자리 숫자는 5보다 크고 7보다 작으므로 ☐ 입니다.

② 십의 자리 숫자는 5입니다.

③ 일의 자리 숫자는 4보다 작은 짝수이므로 ☐ 입니다.

→ 세 자리 수는 ☐ 입니다.

**03** 조건을 만족하는 세 자리 수를 구하시오.

조건
- 백의 자리 숫자는 300을 나타냅니다.
- 십의 자리 숫자는 7보다 크고 9보다 작습니다.
- 일의 자리 숫자는 7보다 큰 홀수입니다.

(          )

QR 코드를 찍어 **동영상 특강**을 보세요.

**유형 03** ☐ 안에 들어갈 수 있는 수 찾기

세 자리 수 5☐5>577에서 ☐ 안에 들어갈 수 있는 수 찾기

① ☐ 안에 7을 넣어 확인합니다.

5☐7☐5<577이므로 ☐ 안에 ☐ 은 들어갈 수 없습니다.

② 5☐5>577에서

☐>7이므로 ☐ 안에 들어갈 수 있는

수는 ☐, ☐ 입니다.

**04** 세 자리 수의 크기를 비교한 것입니다. ☐ 안에 들어갈 수 있는 수를 모두 쓰시오.

961<9☐3

(            )

**05** 세 자리 수의 크기를 비교한 것입니다. ☐ 안에 들어갈 수 있는 수를 모두 쓰시오.

7☐3<730

(            )

**유형 04** 새 교과서에 나온 활동 유형

**06** 밑줄 친 숫자가 나타내는 수를 표에서 찾아 비밀 문장을 만들어 보시오.

3̲51 ⇨ ①      72̲4 ⇨ ②

40̲6 ⇨ ③      815̲ ⇨ ④

| 수 | 3 | 300 | 2 | 20 |
|---|---|---|---|---|
| 글자 | 최 | 대 | 고 | 한 |

| 수 | 0 | 10 | 5 | 500 |
|---|---|---|---|---|
| 글자 | 민 | 만 | 국 | 세 |

| 비밀 문장 | ① | ② | ③ | ④ |
|---|---|---|---|---|
| | | | | |

**07** 도서관에 방문한 학생은 화요일이 수요일보다 많습니다. 0부터 9까지의 수 중 ☐ 안에 들어갈 수 있는 수를 모두 쓰시오.

도서관에 방문한 학생 수

화요일: 232명      수요일: 23☐

(            )

1

세 자 리 수

**유형 01** 10이 11개, 12개, 13개, ...,인 수

**01** 10이 10개이면 얼마인지 ◯표 하시오.

| 100 | 500 | 1000 |

**02** 다음 수를 구하시오.

100이 3개, 10이 11개인 수

(                    )

**서술형**

**03** 동전이 다음과 같이 있습니다. 모두 얼마인지 풀이 과정을 쓰고 답을 구하시오.

| 500 | 100 | 10 |
|---|---|---|
| 1개 | 2개 | 18개 |

풀이

답

**유형 02** 두 수의 크기 비교하기

**04** 왼쪽 수보다 더 작은 수에 ◯표 하시오.

| 245 | 232 | 255 |

**05** ☐ 안에 수 카드를 넣을 때 크기 비교가 바르게 되는 것에 ◯표 하시오.

600 < ☐

| 550 | 600 | 650 |

(          ) (          ) (          )

**06** 세 자리 수의 일의 자리 수가 보이지 않습니다. 어느 수가 더 큰 수인지 ◯ 안에 > 또는 <를 알맞게 써넣으시오.

35 ◯ 37●

QR 코드를 찍어 **동영상 특강**을 보세요.

1

세
자
리
수

**유형 03** 200씩 뛰어 세기, 20씩 뛰어 세기

**07** 200부터 200씩 4번 뛰어 센 수는 ㉠입니다. ㉠에 알맞은 수를 구하시오.

| 200 | 400 | | | ㉠ |

(                    )

**08** 160부터 20씩 4번 뛰어 센 수를 구하시오.

(                    )

**09** 민희는 색종이를 640장 가지고 있습니다. 오늘 색종이를 20장씩 4묶음 더 받았다면 민희가 가지고 있는 색종이는 몇 장이 되는지 풀이 과정을 쓰고 답을 구하시오.

풀이

답

**유형 04** 나타낼 수 있는 수 구하기

**10** 수 모형 4개 중 3개를 사용하여 나타낼 수 있는 세 자리 수를 모두 써 보시오.

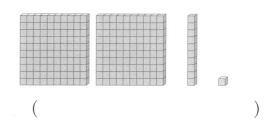

(                    )

**11** 모형 동전 4개 중 3개를 사용하여 나타낼 수 있는 금액을 모두 구하시오.

(                    )

**12** 100원짜리 동전 3개, 10원짜리 동전 1개가 있습니다. 이 동전 4개 중 3개를 사용하여 나타낼 수 있는 금액을 모두 구하시오.

(                    )

### 50씩 뛰어 세기

**01** 세호가 말한 수에서 **❷**50씩 3번 뛰어 센 수를 쓰고 읽어 보시오.

**❶**
> 100이
> 4개인 수

세호

쓰기 (　　　　　　　　)

읽기 (　　　　　　　　)

❶ 100이 4개인 수를 구합니다.
❷ ❶에서 50씩 3번 뛰어 셉니다.

---

### 1, 10, 100만큼 더 큰(작은) 수

**02 ❷**큰 수부터 차례로 기호를 쓰시오.

❶
> ㉠ 523보다 100만큼 더 작은 수
> ㉡ 396보다 10만큼 더 큰 수
> ㉢ 429보다 1만큼 더 큰 수

(　　　　　　　　)

❶ 100, 10, 1만큼 더 크면(작으면) 백, 십, 일의 자리 수가 각각 1씩 커집니다(작아집니다).
❷ 수의 크기를 비교하여 큰 수부터 차례로 기호를 씁니다.

---

### 몇백 활용하기

**03** 100원짜리 몇 개와 **❶**10원짜리 40개로 / **❷**900원을 만들려고 합니다. 100원짜리 몇 개가 필요합니까?

(　　　　　　　　)

❶ 10원짜리 40개는 얼마인지 구합니다.
❷ 100원짜리 □개와 400원을 합하여 900원이 되는 경우를 알아봅니다.

### 수의 크기 비교

**04** ❶백의 자리 숫자가 3, 일의 자리 숫자가 5인 세 자리 수 중에서 / ❷345보다 큰 수는 모두 몇 개입니까?

(                                      )

❶ 십의 자리 숫자를 □로 하는 세 자리 수를 만듭니다.

❷ ❶에서 만든 수가 345보다 큰 경우를 모두 세어 봅니다.

### 두 수 사이의 수 구하기

**05** ❸㉠과 ㉡ 사이에 있는 세 자리 수를 모두 쓰시오.

> ❶㉠ 백과 십의 자리 숫자는 5이고, 일의 자리 숫자는 9인 세 자리 수
> ❷㉡ 백, 십, 일의 자리 숫자의 합이 15이고 세 숫자가 모두 같은 수

(                                      )

❶ 백, 십, 일의 자리 숫자를 자리에 맞게 씁니다.

❷ 같은 수를 3번 더한 값이 15가 되는 경우를 알아봅니다.

❸ ㉠과 ㉡ 중 작은 수부터 큰 수까지 수를 차례로 세어 보면서 두 수 사이의 수를 구합니다.

### □가 있는 수의 크기 비교

**06** 연하네 모둠 친구들이 모은 우표 수입니다. 모두 세 자리 수이고 일의 자리 숫자가 보이지 않습니다. ❷우표를 많이 모은 사람부터 차례로 이름을 쓰시오.

❶

| 이름 | 연하 | 윤수 | 해지 |
|---|---|---|---|
| 모은 우표 수 | 48⬤개 | 67⬤개 | 46⬤개 |

(                                      )

❶ 백의 자리부터 차례로 크기를 비교합니다.

❷ 큰 수부터 차례로 이름을 씁니다.

**07**  은서는 색종이를 100장씩 5묶음, 10장씩 1묶음, 낱장 5장을 가지고 있습니다. 은서가 가지고 있는 색종이는 모두 몇 장입니까?

( )

**50씩 뛰어 세기**

**08** 다음 수에서 50씩 5번 뛰어 센 수를 쓰고 읽어 보시오.

| 100이 5개인 수 |

쓰기 ( )

읽기 ( )

**1, 10, 100만큼 더 큰(작은) 수**

**09**  큰 수부터 차례로 기호를 쓰시오.

㉠ 725보다 10만큼 더 작은 수
㉡ 693보다 100만큼 더 큰 수
㉢ 710보다 1만큼 더 큰 수

( )

**10** 세호와 수아는 다음과 같이 수를 뛰어 세었습니다. ㉠과 ㉡ 중 더 큰 수를 찾아 수를 쓰시오.

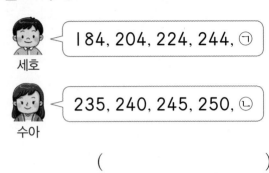

세호: 184, 204, 224, 244, ㉠
수아: 235, 240, 245, 250, ㉡

( )

**11** 732원을 모형 동전을 사용하여 서로 다른 방법으로 나타내시오.

| 732원 |

**방법 1**

| 100원짜리 | 6 | 개 |
| 10원짜리 | ☐ | 개 |
| 1원짜리 | 2 | 개 |

**방법 2**

| 10원짜리 | 70 | 개 |
| 1원짜리 | ☐ | 개 |

**몇백 활용하기**

**12** 100원짜리 몇 개와 10원짜리 20개로 800원을 만들려고 합니다. 100원짜리 몇 개가 필요합니까?

( )

**13** 3장의 수 카드를 한 번씩 사용하여 일의 자리 숫자가 2인 세 자리 수를 만드시오.

**4** **2** **0**

( )

**수의 크기 비교**

**14** 백의 자리 숫자가 4, 일의 자리 숫자가 9인 세 자리 수 중에서 469보다 큰 수는 모두 몇 개입니까?

( )

**두 수 사이의 수 구하기**

**15** ㉠과 ㉡ 사이에 있는 세 자리 수를 모두 쓰시오.

> ㉠ 백과 십의 자리 숫자는 7이고, 일의 자리 숫자는 3인 세 자리 수
> ㉡ 백, 십, 일의 자리 숫자의 합이 21이고, 세 숫자가 모두 같은 세 자리 수

( )

**☐가 있는 수의 크기 비교**

**16** 은서네 모둠 친구들이 모은 엽서 수입니다. 모두 세 자리 수이고 일의 자리 숫자가 보이지 않습니다. 엽서를 많이 모은 사람부터 차례로 이름을 쓰시오.

| 이름 | 민욱 | 지환 | 동욱 |
|------|------|------|------|
| 엽서 수 | 70●개 | 62●개 | 68●개 |

( )

**17** 100이 5개, 10이 32개, 1이 ◆개인 수의 백의 자리 숫자와 일의 자리 숫자를 바꾼 수를 읽으면 육백이십팔입니다. ◆를 구하시오.

( )

1

세
자
리
수

## 사고력 유형

창의·융합

동영상

**1** 고대 잉카 문명에서는 끈을 매듭으로 묶어서 수를 나타내는 '키푸'라는 방법이 있었습니다. 키푸는 위에 있는 매듭이 더 큰 자리를 나타냅니다. 키푸로 나타낸 수를 찾아 ☐ 안에 알맞은 수를 써넣으시오.

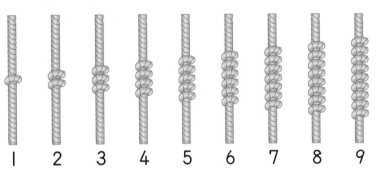

| 1 | 2 | 3 | 4 | 5 | 6 | 7 | 8 | 9 |

예

← 백의 자리: 1, 나타내는 수: 100

← 십의 자리: 3, 나타내는 수: 30

← 일의 자리: 6, 나타내는 수: 6

⇨ 100+30+6=136

매듭이 3개 있으므로 세 자리 수를 나타냅니다.

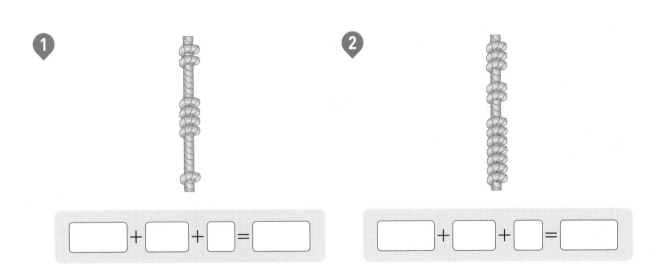

**1**

☐ + ☐ + ☐ = ☐

**2**

☐ + ☐ + ☐ = ☐

**문제 해결**

**2**

동영상

금액에 맞는 동전을 ×표로 지워 보시오.

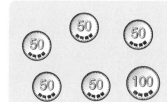

300원

800원

**추론**

**3**

동영상

'팔린드롬 수'란 33, 505, 282, …, 와 같이 수를 거꾸로 읽어도 원래 수와 같은 수를 말합니다. 100부터 199까지의 세 자리 수 중 팔린드롬 수는 몇 개입니까?

영어에도 팔린드롬을 찾을 수 있을까?

MOM(엄마), DAD(아빠)가 팔린드롬이야.

(                              )

일요일, 기러기와 같이 거꾸로 읽어도 같은 말을 팔린드롬이라고 해.

**1**

| HME 17번 문제 수준 |

4장의 수 카드 중에서 3장을 골라 한 번씩 사용하여 세 자리 수를 만들려고 합니다. 십의 자리에 수 카드 **8**을 놓았다면 만들 수 있는 수 중에서 가장 작은 수를 구하시오.

4 6 0 8

(                              )

◇ 십의 자리에 8을 고정시키고 나머지 수를 백과 일의 자리에 넣어 수를 만들어 봅니다.

**2**

| HME 21번 문제 수준 |

다음과 같이 동전 모형 5개가 있습니다. 이 중에서 일부 또는 전부를 사용하여 나타낼 수 있는 세 자리 수는 모두 몇 개입니까?

(                              )

**3** 동영상

| HME 20번 문제 수준 |

\조건/을 만족하는 세 자리 수는 모두 몇 개입니까?

\조건/
• 백의 자리 숫자와 일의 자리 숫자의 합은 **3**입니다.
• 십의 자리 숫자는 백의 자리 숫자보다 큽니다.

(                    )

◇ 백의 자리 숫자가 1인 경우, 2인 경우,

3인 경우로 나누어 생각합니다.

**1**

세 자 리 수

**4** 동영상

| HME 24번 문제 수준 |

다음과 같이 세 수 ㉠, ㉡, ㉢이 있습니다. 세 수 중 가장 큰 수는 ㉠이고, 가장 작은 수는 ㉢입니다. ㉡이 될 수 있는 수는 모두 몇 개입니까?

㉠ **100**이 **6**개, **10**이 **19**개
㉡ 수 카드 **5**, **6**, **7**, **8** 중 **3**장을 뽑아
   한 번씩만 사용하여 만들 수 있는 세 자리 수
㉢ **200**부터 **50**씩 **8**번 뛰어 센 수

(                    )

# 2

# 여러 가지 도형

# 학습 계획표

계획표대로 공부했으면 ○표, 못했으면 △표 하세요.

| 내용 | 쪽수 | 날짜 | | 확인 |
|---|---|---|---|---|
| ❶단계 핵심 개념+기초 문제 | 36~37쪽 | 월 | 일 | |
| ❷단계 기본 유형 | 38~41쪽 | 월 | 일 | |
| ❷단계 잘 틀리는 유형+서술형 유형 | 42~43쪽 | 월 | 일 | |
| ❸단계 유형(단원) 평가 | 44~47쪽 | 월 | 일 | |
| 잘 틀리는 실력 유형 | 48~49쪽 | 월 | 일 | |
| 다르지만 같은 유형 | 50~51쪽 | 월 | 일 | |
| 응용 유형 | 52~55쪽 | 월 | 일 | |
| 사고력 유형 | 56~57쪽 | 월 | 일 | |
| 최상위 유형 | 58~59쪽 | 월 | 일 | |

# 핵심 개념
1단계

개념에 대한 **자세한 동영상 강의**를 시청하세요.

개념 동영상

## 개념 ❶ 삼각형, 사각형, 원

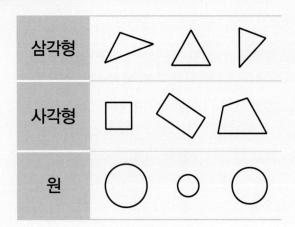

| 삼각형 | |
| 사각형 | |
| 원 | |

**핵심** 삼각형, 사각형, 원의 특징

삼각형: 변이 3개, 꼭짓점이 3개

사각형: 변이 4개, 꼭짓점이 ❶ ☐ 개

원: 어느 쪽에서 보아도 똑같이 동그란 모양

[전에 배운 내용]

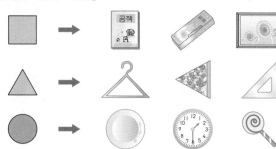

[이번 단원에 추가할 내용]

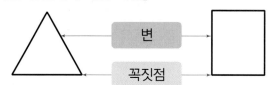

변

꼭짓점

[앞으로 배울 내용]

• 직각삼각형, 직사각형, 정사각형
• 원의 중심, 반지름, 지름

## 개념 ❷ 쌓은 모양 알아보기

오른쪽

앞

빨간색 쌓기나무가 1개 있고, 그 위에 쌓기나무가 1개 있습니다. 그리고 오른쪽으로 나란히 쌓기나무가 ❷ ☐ 개 있습니다.

**핵심** 쌓은 모양 설명하기

위

왼쪽 오른쪽

앞

[이번 단원에 추가할 내용]

• 칠교판으로 모양 만들기

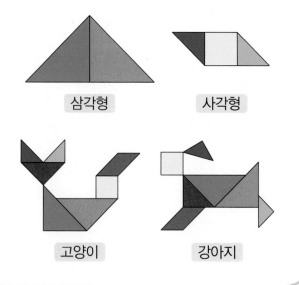

삼각형          사각형

고양이          강아지

정답 ❶ 4 ❷ 2

**체크**

**1-1** 삼각형에는 △표, 사각형에는 □표, 원에는 ○표 하시오.

(1)

(    )

(2)

(    )

(3)

(    )

(4)

(    )

(5)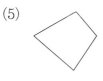

(    )

(6)

(    )

**1-2** 삼각형에는 △표, 사각형에는 □표, 원에는 ○표 하시오.

(1)

(    )

(2)

(    )

(3)

(    )

(4)

(    )

(5)

(    )

(6)

(    )

**체크**

**2-1** 설명하는 쌓기나무를 찾아 ○표 하시오.

(1) 빨간색 쌓기나무의 오른쪽에 있는 쌓기나무

(2) 빨간색 쌓기나무의 왼쪽에 있는 쌓기나무

**2-2** 설명하는 쌓기나무를 찾아 ○표 하시오.

(1) 빨간색 쌓기나무의 위에 있는 쌓기나무

(2) 빨간색 쌓기나무의 앞에 있는 쌓기나무

# 2 단계 기본유형

→ 핵심 내용 삼각형: 곧은 선 3개로 둘러싸인 도형

유형 01 △을 알아보고 찾아보기

**01** 그림과 같은 도형의 이름을 쓰시오.

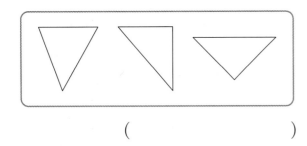

( )

**02** 삼각형의 변에 모두 △표, 꼭짓점에 모두 ○표 하시오.

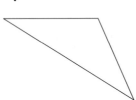

**03** 삼각형에 대한 설명으로 옳은 것을 모두 고르시오. ·················· ( )

① 굽은 선이 있습니다.
② 곧은 선이 있습니다.
③ 뾰족한 부분이 없습니다.
④ 꼭짓점이 3개 있습니다.
⑤ 변이 4개 있습니다.

교과서 유형

**04** 서로 다른 삼각형을 2개 그려 보시오.

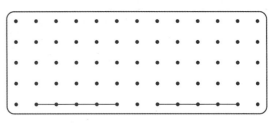

익힘책 유형

**05** 삼각형은 모두 몇 개입니까?

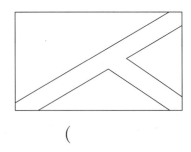

( )

**06** 주어진 선을 한 변으로 하는 삼각형을 그리려고 합니다. 곧은 선을 몇 개 더 그어야 합니까?

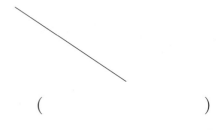

( )

→ **핵심 내용** 사각형: 곧은 선 4개로 둘러싸인 도형

유형 **02** **□을 알아보고 찾아보기**

**07** 사각형이 <u>아닌</u> 것을 찾아 기호를 쓰시오.

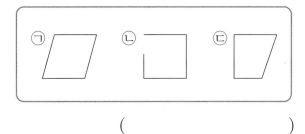

( )

**08** 사각형의 변에 모두 △표, 꼭짓점에 모두 ◯표 하시오.

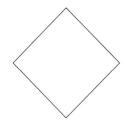

**09** 수아가 설명하는 도형의 이름을 쓰시오.

수아

이 도형은 곧은 선으로 둘러싸여 있어. 그리고 변이 4개, 꼭짓점이 4개 있어.

( )

**10** 주어진 선을 한 변으로 하는 사각형을 그려 보시오.

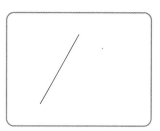

**11** 서로 다른 사각형을 2개 그려 보시오.

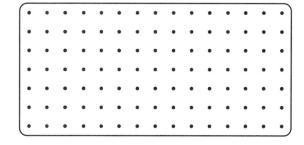

**12** 빈칸에 알맞은 수를 써넣으시오.

| | 삼각형 | 사각형 |
|---|---|---|
| 변의 수(개) | 3 | |
| 꼭짓점의 수(개) | | |

▶ 핵심 내용 원: 완전히 둥근 도형

유형 **03** ◯을 알아보고 찾아보기

**13** 원을 찾아 ◯표 하시오.

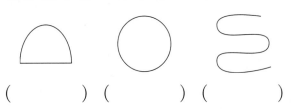

(      ) (      ) (      )

**14** 원에 대한 설명이 <u>아닌</u> 것은 어느 것입니까?·····························(     )

① 어느 쪽에서 보아도 똑같은 모양입니다.
② 크기는 항상 같습니다.
③ 곧은 선이 없습니다.
④ 뾰족한 부분이 없습니다.
⑤ 길쭉하거나 찌그러진 곳이 없습니다.

**15** 크기가 다른 원을 2개 그려 보시오.

▶ 핵심 내용 칠교판으로 여러 가지 모양 만들기

유형 **04** 칠교판으로 모양 만들기

[16~18] 칠교판을 보고 물음에 답하시오.

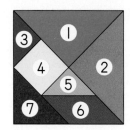

교과서유형
**16** ①, ② 두 조각을 이용하여 삼각형을 만들어 보시오.

**17** ③, ⑤ 두 조각을 이용하여 서로 다른 사각형을 2개 만들어 보시오.

**18** 다른 조각들로 ①번 조각을 만들어 보시오.

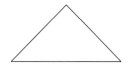

→ 핵심 내용 쌓은 모양에서 위치나 방향 이해하기

유형 05 쌓은 모양을 알아보기

**19** 빨간색 쌓기나무 앞에 있는 쌓기나무를 <u>잘못</u> 찾은 것의 기호를 쓰시오.

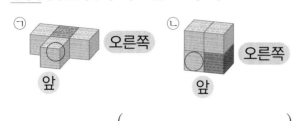

(                    )

[20~21] 쌓기나무로 쌓은 모양에 대한 설명입니다. ☐ 안에 알맞은 수나 말을 써넣으시오.

**20**

빨간색 쌓기나무가 1개 있고, 그 위와 ☐쪽에 쌓기나무가 ☐개씩 있습니다.

**21**

빨간색 쌓기나무가 1개 있고, 그 오른쪽과 왼쪽에 쌓기나무가 ☐개씩 있습니다. 그리고 맨 오른쪽 쌓기나무 ☐에 쌓기나무가 1개 있습니다.

→ 핵심 내용 쌓은 모양에 대해 설명하기

유형 06 여러 가지 방법으로 쌓아 보기

익힘책 유형
**22** 쌓기나무 5개로 만든 모양에 ○표 하시오.

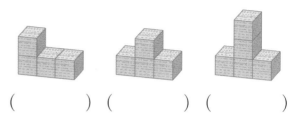

(          ) (          ) (          )

익힘책 유형
**23** 설명대로 쌓은 모양을 찾아 선으로 이어 보시오.

쌓기나무 3개가 옆으로 나란히 1층으로 있고, 가운데 쌓기나무 뒤에 1개가 있습니다.

쌓기나무 3개가 옆으로 나란히 1층으로 있고, 맨 왼쪽과 맨 오른쪽 쌓기나무 위에 각각 1개씩 있습니다.

**24** 왼쪽 모양에서 쌓기나무 1개를 옮겨 오른쪽과 똑같은 모양으로 만들려고 합니다. 옮겨야 할 쌓기나무에 ○표 하시오.

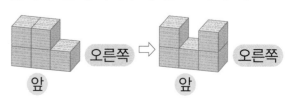

2

여러 가지 도형

**잘 틀리는 유형 07** 잘랐을 때 생기는 도형의 수 세기

**25** 색종이를 점선을 따라 자르면 삼각형이 몇 개 생깁니까?

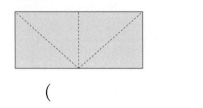

( )

**26** 색종이를 점선을 따라 자르면 사각형이 몇 개 생깁니까?

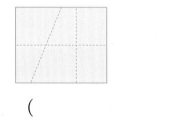

( )

**27** 색종이를 점선을 따라 잘랐을 때 생기는 삼각형과 사각형의 수의 차는 몇 개입니까?

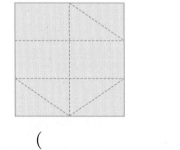

( )

**KEY** 변이 3개인 도형과 변이 4개인 도형이 각각 몇 개씩 생기는지 알아봅니다.

**잘 틀리는 유형 08** 조건을 만족하는 도형 그리기

**[28~30] 조건을 만족하는 도형을 그려 보시오.**

**28** ① 사각형  ② 도형의 안쪽에 점이 1개

. . . . . .
. . . . . .
. . . . . .
. . . . . .
. . . . . .
. . . . . .

**29** ① 사각형  ② 도형의 안쪽에 점이 4개

. . . . . .
. . . . . .
. . . . . .
. . . . . .
. . . . . .
. . . . . .

**30** ① 삼각형  ② 도형의 안쪽에 점이 3개

. . . . . .
. . . . . .
. . . . . .
. . . . . .
. . . . . .
. . . . . .

**KEY** 여러 번 반복하면서 도형의 안쪽에 점이 3개가 되도록 도형을 그려 봅니다.

# 서술형 유형

## 1-1

삼각형이 <u>아닌</u> 까닭을 완성하시오.

까닭 삼각형은 곧은 선 [ ]개로 둘러싸인

도형인데 곧은 선 [ ]개와 굽은 선으로 둘러싸여 있으므로 삼각형이 아닙니다.

## 1-2

사각형이 <u>아닌</u> 까닭을 쓰시오.

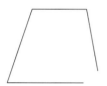

까닭

## 2-1

두 모양을 만드는 데 사용한 쌓기나무는 모두 몇 개인지 풀이 과정을 완성하고 답을 구하시오.

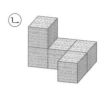

풀이 ㉠ 모양을 만드는 데 사용한 쌓기나무 수: 4개

㉡ 모양을 만드는 데 사용한 쌓기나무 수: [ ]개

➡ 4+[ ]=[ ](개)

답 [ ]개

## 2-2

두 모양을 만드는 데 사용한 쌓기나무는 모두 몇 개인지 풀이 과정을 쓰고 답을 구하시오.

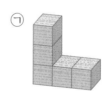
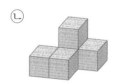

풀이

답 _____

2 여러 가지 도형

점수

01 각 부분의 이름을 잘못 쓴 것은 어느 것입니까?·····················(     )

① 꼭짓점 →     ← ③ 꼭짓점

② 변 →     ← ④ 변

    ← ⑤ 변

02 삼각형에 대한 설명이 맞으면 ○표, 틀리면 ×표 하시오.

(1) 변이 3개, 꼭짓점이 3개 있습니다.

·····························(     )

(2) 굽은 선이 있을 수도 있습니다.

·····························(     )

03 사각형은 모두 몇 개입니까?

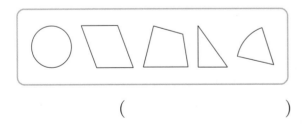

(     )

04 사각형에서 두 곧은 선이 만나는 점은 모두 몇 개입니까?

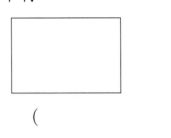

(     )

05 삼각형과 사각형을 1개씩 그려 보시오.

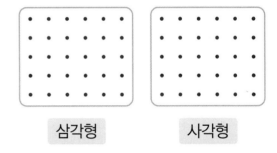

삼각형         사각형

06 변의 수가 더 많은 도형에 ○표 하시오.

삼각형       사각형

**07** 삼각형과 사각형의 같은 점을 찾아 기호를 쓰시오.

> ㉠ 변이 **3**개입니다.
> ㉡ 꼭짓점이 **4**개입니다.
> ㉢ 곧은 선들로 둘러싸여 있습니다.
> ㉣ 굽은 선이 있습니다.

(                    )

**08** 원을 찾아 ○표 하시오.

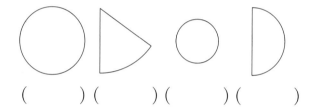

(        ) (          ) (          ) (          )

**09** 도형의 이름을 쓰시오.

> • 꼭짓점이 없습니다.
> • 곧은 선이 없습니다.
> • 길쭉하거나 찌그러진 곳 없이 어느 쪽에서 보아도 똑같이 동그란 모양 입니다.

(                    )

**[10~11] 칠교판을 보고 물음에 답하시오.**

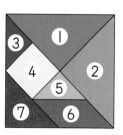

**10** ③, ⑤ 두 조각을 이용하여 삼각형과 사각형을 만들어 보시오.

**11** ③, ④, ⑤ 세 조각을 이용하여 삼각형과 사각형을 만들어 보시오.

**12** 쌓은 모양을 바르게 설명하도록 보기 에서 알맞은 말을 써넣으시오.

오른쪽

앞

보기

| 오른쪽 | 왼쪽 | 가운데 |
| 앞 | 뒤 | 위 |

1층에 쌓기나무 **3**개가 옆으로 나란히 있고, ⬜ 쌓기나무 ⬜에 쌓기나무가 1개 있습니다.

**13** 왼쪽 모양에 쌓기나무 1개를 더 쌓아 오른쪽과 똑같은 모양을 만들려고 합니다. 쌓기나무 1개를 ①~④ 위에 쌓을 때, 어느 곳에 놓아야 합니까?

(            )

**14** 쌓기나무 **4**개로 쌓은 모양을 모두 고르시오. ·················· (       )

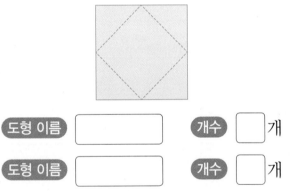

**15** 색종이를 점선을 따라 자르면 어떤 도형이 몇 개 만들어집니까?

도형 이름 ⬜    개수 ⬜ 개

도형 이름 ⬜    개수 ⬜ 개

**16** 조건을 만족하는 도형을 그려 보시오.

> ① 사각형   ② 도형의 안쪽에 점이 **5**개

. . . . . . .
. . . . . . .
. . . . . . .
. . . . . . .
. . . . . . .
. . . . . . .

**17** 색종이를 점선을 따라 잘랐을 때 생기는 삼각형과 사각형의 수의 차는 몇 개입니까?

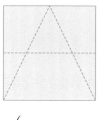

(               )

**18** 조건을 만족하는 도형을 그려 보시오.

> ① 삼각형   ② 도형의 안쪽에 점이 **6**개

. . . . . . .
. . . . . . .
. . . . . . .
. . . . . . .
. . . . . . .
. . . . . . .

**서술형**

**19** 두 모양을 만드는 데 사용한 쌓기나무는 모두 몇 개인지 풀이 과정을 쓰고 답을 구하시오.

ㄱ   ㄴ

풀이

_____

_____

_____

_____

_____

답 _____

**서술형**

**20** 도형이 원이 <u>아닌</u> 까닭을 쓰시오.

까닭

_____

_____

QR **코드**를 찍어 단원평가 를 풀어 보세요.

## 유형 01 사용한 도형의 개수 알아보기

가장 많이 사용한 도형과 가장 적게 사용한 도형의 개수의 차 구하기

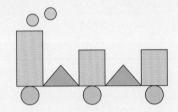

① 삼각형, 사각형, 원의 개수 세기

삼각형: 2개, 사각형: 3개, 원: ☐개

② 가장 많이 사용한 도형과 가장 적게 사용한 도형의 차 구하기

→ ☐−2=☐(개)

**01** 모양을 만드는 데 가장 많이 사용한 도형과 가장 적게 사용한 도형의 개수의 차는 몇 개입니까?

(1)

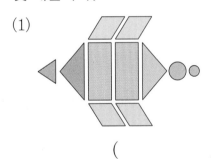

(         )

(2)

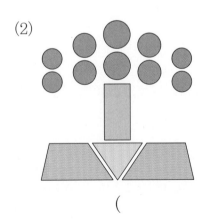

(         )

## 유형 02 크고 작은 도형 찾기

도형에서 찾을 수 있는 크고 작은 사각형의 개수 세기

① 도형 1개, 2개, 3개로 만들 수 있는 사각형의 개수 세기

• 도형 1개짜리: ①, ② → ☐개

• 도형 2개짜리: ①+② → 1개

② 크고 작은 사각형의 개수 세기

☐+1=☐(개)

**02** 도형에서 찾을 수 있는 크고 작은 사각형은 모두 몇 개인지 구하시오.

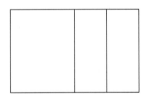

(1) 도형 1개짜리의 개수

(         )

(2) 도형 2개짜리의 개수

(         )

(3) 도형 3개짜리의 개수

(         )

(4) 크고 작은 사각형의 개수

(         )

## 유형 03  칠교 조각으로 모양 만들기

칠교 조각으로 모양 만들기

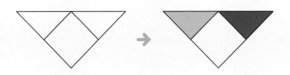

① 가장 ( 큰 , 작은 ) 조각을 먼저 채웁니다.  ② 남은 작은 조각을 채웁니다.

**03** 칠교판의 일곱 조각으로 집 모양을 완성하시오.

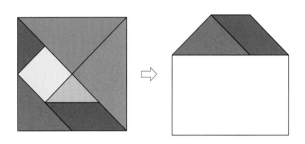

**04** 위 **03**의 일곱 조각으로 고양이 모양을 만들어 보시오.

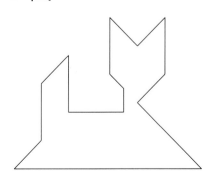

## 유형 04  새 교과서에 나온 활동 유형

서술형
**05** 자전거 바퀴가 원과 사각형이라면 어떻게 될지 쓰시오.

_____

_____

_____

**06** "만들어"라고 명령하면 오른쪽 모양으로 만들려고 합니다. 보기 에서 필요한 명령어를 모두 찾아 기호를 쓰시오.

오른쪽　앞

▶ "만들어"라고 말할 때

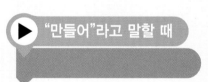

보기

㉠ 빨간색 쌓기나무 위에 쌓기나무 1개 놓기

㉡ 빨간색 쌓기나무 왼쪽에 쌓기나무 1개 놓기

㉢ 빨간색 쌓기나무 앞에 쌓기나무 1개 놓기

(　　　　)

2
여러 가지 도형

**유형 01** 삼각형, 사각형 그리기

**01** 삼각형과 사각형을 그려 보시오.

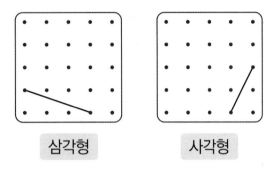

삼각형          사각형

**02** 왼쪽 도형보다 꼭짓점의 수가 1개 더 많은 도형을 오른쪽에 그리시오.

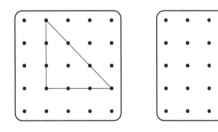

**03** 네 점 중에서 세 점을 이어 만들 수 있는 삼각형은 모두 몇 개입니까?

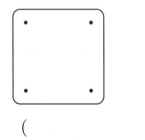

(                    )

**유형 02** 쌓기나무의 방향 알아보기

**04** 쌓기나무로 쌓은 모양에 대한 설명입니다. ◯ 안에 알맞은 수나 말을 써넣으시오.

오른쪽
앞

> 빨간색 쌓기나무가 1개 있고, 그 오른
> 쪽과 □쪽에 쌓기나무가 □개씩
> 있습니다. 그리고 맨 왼쪽 쌓기나무
> □에 쌓기나무가 1개 있습니다.

**05** 쌓기나무 모양을 주어진 \조건/에 맞게 색칠하시오.

> \조건/
> • 빨간색 쌓기나무 앞에 노란색 쌓기나무
> • 빨간색 쌓기나무 왼쪽에 초록색 쌓기나무
> • 초록색 쌓기나무 위에 파란색 쌓기나무

오른쪽
앞

**유형 03** 칠교 조각으로 도형 만들기

[06~07] 칠교판을 보고 물음에 답하시오.

**06** 세 조각을 이용하여 다음 도형을 만들어 보시오.

**07** 보기 의 조각을 한 번씩 모두 이용해서 만들 수 없는 모양을 찾아 기호를 쓰시오.

보기

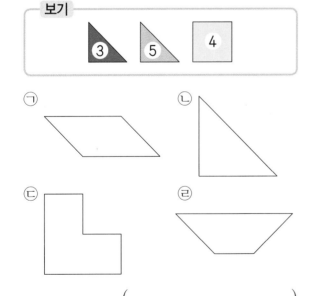

㉠  ㉡  ㉢  ㉣

(                    )

**유형 04** 도형의 특징 알아보기

**08** 원에 대해 설명한 것으로 옳으면 ○표, 틀리면 ×표 하시오.

(1) 어느 방향에서 보아도 똑같은 모양입니다. ·····················( )

(2) 꼭짓점이 있습니다. ········( )

(3) 동전을 본을 떠서 그릴 수 있습니다. ·····························( )

**09** ●와 ▲에 알맞은 수의 합을 구하시오.

• 사각형의 변은 ●개입니다.
• 삼각형의 꼭짓점은 ▲개입니다.

(                    )

**서술형**
**10** 삼각형의 특징을 2가지 써 보시오.

특징 1

특징 2

2

여러 가지 도형

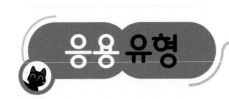

## 설명을 만족하는 모양 찾기

**01** 설명을 만족하는 모양을 찾아 기호를 쓰시오.

❶1층에 3개, / ❷2층에 2개 있습니다.

❶ 1층에 3개가 쌓인 모양을 찾습니다.
❷ ❶에서 찾은 모양 중 2층에 2개가 쌓인 모양을 찾습니다.

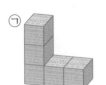  

(                    )

## 종이를 접었을 때 나온 도형 알아보기

**02** 다음과 같이 종이를 접었다 펼친 후, ❸접은 선을 따라 자르면 어떤 도형이 몇 개 생깁니까?

(              ), (                    )

❶ 종이를 반으로 접었을 때의 선을 긋습니다.
❷ 종이를 반으로 접은 모양에서 또 반으로 접었을 때의 선을 그어 봅니다.
❸ 접은 선을 따라 자르면 어떤 도형이 몇 개 생기는지 구합니다.

## 칠교 조각으로 도형 만들기

**03** ❶세 조각을 모두 이용하여 / ❷삼각형을 만들어 보시오.

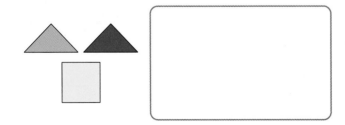

❶ 세 조각을 모두 이용해야 합니다.
❷ 사각형을 중심으로 삼각형을 어느 위치에 놓아야 삼각형이 되는지 생각해 봅니다.

### 쌓기나무의 수 알아보기

**04** ㉠과 ㉡ 중 ❶어느 모양이 쌓기나무가 / ❷몇 개 더 많습니까?

 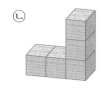

(          ), (          )

❶ 각 층별로 쌓기나무의 수를 세어 봅니다.
❷ 어느 모양이 쌓기나무가 몇 개 더 많은 지 구합니다.

### 도형 나누기

**05** 색종이를 잘라 ❶사각형을 4개씩 만들려고 합니다. ❷2가지 방법으로 선을 그어 보시오.

❶ 선을 그어 사각형을 만들어 봅니다.
❷ 다른 방법으로 선을 그어 사각형을 만들어 봅니다.

### 크고 작은 삼각형의 수 구하기

**06** ❶도형에서 찾을 수 있는 크고 작은 삼각형은 / ❷모두 몇 개입니까?

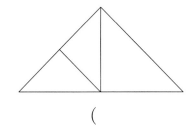

(          )

❶ 도형 1개, 2개, 3개로 이루어진 삼각형을 각각 세어 봅니다.
❷ 찾은 삼각형은 모두 몇 개인지 구합니다.

**설명을 만족하는 모양 찾기**

**07** 설명을 만족하는 모양을 모두 찾아 기호를 쓰시오.

> 1층에 4개, 2층에 1개 있습니다.

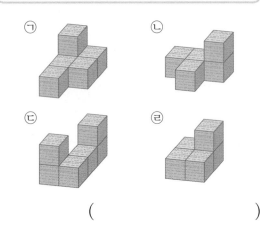

㉠     ㉡

㉢     ㉣

(              )

**종이를 접었을 때 나온 도형 알아보기**

**08** 종이를 그림과 같이 접었습니다. 접은 선을 따라 자르면 어떤 도형이 몇 개 만들어집니까?

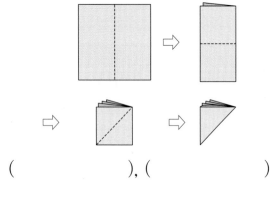

(        ), (        )

**09** 그림과 같은 모양을 만드는 데 삼각형은 몇 개 필요합니까?

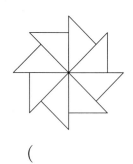

(              )

**칠교 조각으로 도형 만들기**

**10** 세 조각을 모두 이용하여 삼각형을 만들어 보시오.

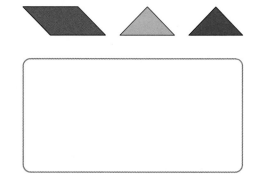

**11** 사각형의 꼭짓점을 ■개, 삼각형의 변을 ▲개, 원의 꼭짓점을 ●개라고 할 때, ■+▲+●를 구하시오.

(              )

**쌍기나무의 수 알아보기**

**12**  ㉠과 ㉡ 중 어느 모양이 쌓기나무가 몇 개 더 많습니까?

 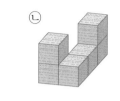

( 　　　　　　 ), ( 　　　　　　 )

**크고 작은 도형의 수 구하기**

**15** 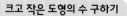 도형에서 찾을 수 있는 크고 작은 삼각형은 모두 몇 개입니까?

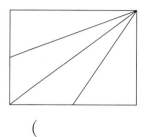

( 　　　　　　 )

**도형 나누기**

**13** 사각형을 잘라 사각형을 6개씩 만들려고 합니다. 2가지 방법으로 선을 그어 보시오.

**16** 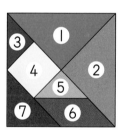 칠교판의 조각들을 이용하여 주어진 조각 수에 맞게 사각형을 만들어 보시오.

**14** 도형의 빨간색 두 점을 곧은 선으로 이은 후 그 선을 따라 잘랐습니다. 이때 생기는 두 도형의 변의 수의 합은 몇 개입니까?

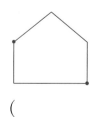

( 　　　　　　 )

4조각　　　　　5조각

삼각형, 사각형, 원 모양을 다음과 같이 겹쳤습니다. 맨 위에 있는 모양부터 ☐ 안에 차례로 번호를 쓰시오.

**①**

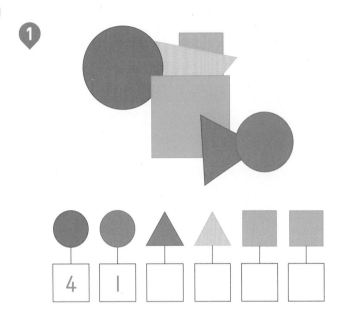

| ● | ● | ▲ | ▲ | ■ | ■ |
|---|---|---|---|---|---|
| 4 | 1 |   |   |   |   |

맨 위에 있는 도형은 가려지는 부분이 없습니다.

**②**

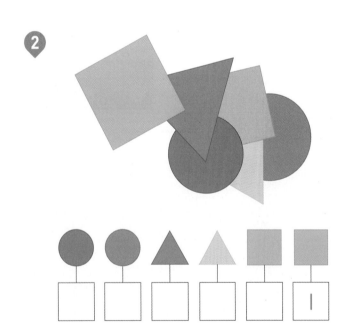

| ● | ● | ▲ | ▲ | ■ | ■ |
|---|---|---|---|---|---|
|   |   |   |   |   | 1 |

**2**

원을 여러 개 그렸는 데 일부분이 지워졌습니다. 지워진 부분을 그려 원을 완성하고, 원은 모두 몇 개인지 구하시오.

( 　　　　　　　　　　 )

**문제 해결**

**3**

칠교판의 조각을 모두 이용하여 수를 만들려고 합니다. 어떻게 만들어야 하는지 선을 그어 보시오.

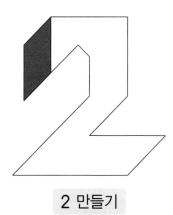
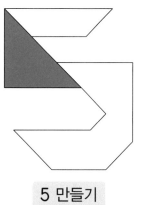

2 만들기　　　　　　5 만들기

다른 수들도 만들어 보세요.

2

여 러 가 지 도 형

**1**

| HME 17번 문제 수준 |

쌀기나무 10개가 있습니다. 다음과 같은 모양을 만들고 남은 쌀기나무는 몇 개입니까?

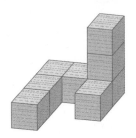

(                    )

**2**

| HME 20번 문제 수준 |

그림과 같이 종이를 4번 접었다 펼쳤습니다. 접힌 선을 따라 모두 자르면 사각형은 모두 몇 개 만들어집니까?

(                    )

**3**

| HME 23번 문제 수준 |

찾을 수 있는 크고 작은 사각형 중에서 ㉠을 포함하는 사각형은 모두 몇 개입니까?

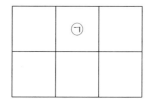

(                    )

◇ ㉠을 포함한 사각형을 작은 사각형 1개, 2개, 3개, 4개, 6개로 각각 나누어 찾아봅니다.

**4**

| HME 24번 문제 수준 |

주사위에서 마주 보는 면은 위와 아래에 있는 두 면, 앞과 뒤에 있는 두 면, 양 옆에 있는 두 면을 말합니다. 주사위에서 마주 보는 면의 눈의 수의 합은 7입니다.

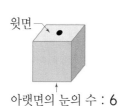

윗면

아랫면의 눈의 수 : 6

뒷면의 눈의 수 : 5

앞면

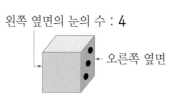

왼쪽 옆면의 눈의 수 : 4

오른쪽 옆면

주사위를 오른쪽과 같이 쌓았습니다. 다른 주사위와 맞닿는 모든 면의 눈의 수의 합이 가장 작게 만들었을 때, 맞닿는 모든 면에 있는 눈의 수의 합을 구하시오.

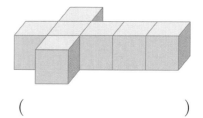

(                    )

# 3

# 덧셈과 뺄셈

## 학습 계획표

계획표대로 공부했으면 ○표, 못했으면 △표 하세요.

| 내용 | 쪽수 | 날짜 | | 확인 |
|---|---|---|---|---|
| ❶단계 핵심 개념+기초 문제 | 62~63쪽 | 월 | 일 | |
| ❷단계 기본 유형 | 64~69쪽 | 월 | 일 | |
| ❷단계 잘 틀리는 유형+서술형 유형 | 70~71쪽 | 월 | 일 | |
| ❸단계 유형(단원) 평가 | 72~75쪽 | 월 | 일 | |
| 잘 틀리는 실력 유형 | 76~77쪽 | 월 | 일 | |
| 다르지만 같은 유형 | 78~79쪽 | 월 | 일 | |
| 응용 유형 | 80~83쪽 | 월 | 일 | |
| 사고력 유형 | 84~85쪽 | 월 | 일 | |
| 최상위 유형 | 86~87쪽 | 월 | 일 | |

# 1단계 핵심 개념

개념에 대한 **자세한 동영상 강의를** 시청하세요.

## 개념 ❶ 덧셈과 뺄셈

· 69+45의 계산

$$\begin{array}{r} \overset{1}{\phantom{0}} \\ 6\ 9 \\ +\ 4\ 5 \\ \hline 1\ 4 \end{array} \rightarrow \begin{array}{r} \overset{1}{\phantom{0}}\overset{1}{\phantom{0}} \\ 6\ 9 \\ +\ 4\ 5 \\ \hline 1\ 4 \end{array} \rightarrow \begin{array}{r} \overset{1}{\phantom{0}}\overset{1}{\phantom{0}} \\ 6\ 9 \\ +\ 4\ 5 \\ \hline 1\ 1\ 4 \end{array}$$

└ 9+5=14  └ 1+6+4=11

· 74-26의 계산

$$\begin{array}{r} \overset{6}{\cancel{7}}\ \overset{10}{4} \\ -\ 2\ 6 \\ \hline \end{array} \rightarrow \begin{array}{r} \overset{6}{\cancel{7}}\ \overset{10}{4} \\ -\ 2\ 6 \\ \hline 8 \end{array} \rightarrow \begin{array}{r} \overset{6}{\cancel{7}}\ \overset{10}{4} \\ -\ 2\ 6 \\ \hline 4\ 8 \end{array}$$

10+4-6=8┘   7-1-2=4┘

**핵심** 받아올림, 받아내림

### [전에 배운 내용]

· 두 자리 수의 덧셈

$$\begin{array}{r} 2\ 3 \\ +\ 1\ 4 \\ \hline 3\ 7 \end{array}$$

낱개는 낱개끼리, 10개씩 묶음은 10개씩 묶음끼리 더합니다.

· 두 자리 수의 뺄셈

$$\begin{array}{r} 3\ 4 \\ -\ 2\ 3 \\ \hline 1\ 1 \end{array}$$

낱개는 낱개끼리, 10개씩 묶음은 10개씩 묶음끼리 뺍니다.

### [앞으로 배울 내용]

· 세 자리 수의 덧셈과 뺄셈

$$\begin{array}{r} 3\ 2\ 6 \\ +\ 2\ 4\ 1 \\ \hline 5\ 6\ 7 \end{array} \qquad \begin{array}{r} 4\ 7\ 5 \\ -\ 3\ 0\ 4 \\ \hline 1\ 7\ 1 \end{array}$$

## 개념 ❷ 덧셈과 뺄셈의 관계

· 덧셈식을 뺄셈식으로 나타내기

4+3=7      4+3=7
7-4=3      7-3=4

· 뺄셈식을 덧셈식으로 나타내기

8-2=6      8-2=6
2+6=8      6+2=8

**핵심** 수의 변하는 위치

덧셈식 3+7=10을 뺄셈식으로 나타내면

10-❶□=7과 10-❷□=3입니다.

뺄셈식 13-9=4를 덧셈식으로 나타내면

4+❸□=13과 9+❹□=13입니다.

### [앞으로 배울 내용]

· 곱셈식을 나눗셈식으로 나타내기

4×3=12      4×3=12
12÷4=3      12÷3=4

· 나눗셈식을 곱셈식으로 나타내기

14÷2=7      14÷2=7
2×7=14      7×2=14

정답 ▶ ❶ 3 ❷ 7 ❸ 9 ❹ 4

## 1-1 계산을 하시오.

(1)
```
   □
   4 9
+    8
 □ □
```

(2)
```
   □
   5 9
+  2 4
 □ □
```

(3)
```
   □
   5 7
+  6 1
□ □ □
```

(4)
```
 □ □
   7 2
+  6 9
□ □ □
```

## 1-2 계산을 하시오.

(1)
```
 □ □
 ̸6 2
-    8
 □ □
```

(2)
```
 □ □
 ̸7 0
-  2 3
 □ □
```

(3)
```
 □ □
 ̸8 1
-  5 7
 □ □
```

(4)
```
 □ □
 ̸6 3
-  2 5
 □ □
```

## 2-1 덧셈식을 보고 뺄셈식으로 나타내시오.

(1)
$$7+9=16$$

⇨
$$16-7=\boxed{\phantom{0}}$$
$$16-\boxed{\phantom{0}}=7$$

(2)
$$8+5=13$$

⇨
$$\boxed{\phantom{0}}-\boxed{\phantom{0}}=5$$
$$\boxed{\phantom{0}}-5=\boxed{\phantom{0}}$$

## 2-2 뺄셈식을 보고 덧셈식으로 나타내시오.

(1)
$$12-7=5$$

⇨
$$7+5=\boxed{\phantom{0}}$$
$$5+7=\boxed{\phantom{0}}$$

(2)
$$14-6=8$$

⇨
$$6+\boxed{\phantom{0}}=\boxed{\phantom{0}}$$
$$8+\boxed{\phantom{0}}=\boxed{\phantom{0}}$$

**3**

덧셈과 뺄셈

3. 덧셈과 뺄셈
# 기본유형
2단계

핵심 내용▶ 여러 가지 방법으로 계산하여 답 구하기

유형 01 여러 가지 방법으로 덧셈하기

**01** 보기 와 같은 방법으로 계산하시오.

보기
$$78+9=78+2+7$$
$$=80+7=87$$

$29+9$

_____

**02** 28+54를 여러 가지 방법으로 구하려고 합니다. ☐ 안에 알맞은 수를 써넣으시오.

방법1 54에서 2를 옮겨 28을 가까운 30으로 바꾸어 구하기

$$28+54=30+\boxed{\phantom{0}}$$
$$=\boxed{\phantom{0}}$$

방법2 28과 54를 가르기하여 구하기

$$28+54=20+50+8+\boxed{\phantom{0}}$$
$$=70+\boxed{\phantom{0}}$$
$$=\boxed{\phantom{0}}$$

핵심 내용▶ 같은 자리 수끼리의 합이 10이거나 10보다 큰 경우에만 받아올림하여 계산

유형 02 받아올림이 있는 (몇십몇)+(몇)

**03** 계산을 하시오.

(1)
```
   3 3
+    8
```

(2)
```
   8 9
+    7
```

**04** 계산 결과가 더 큰 것의 기호를 쓰시오.

┌─────────────────────┐
│ ㉠ 18+8      ㉡ 22+3 │
└─────────────────────┘

(          )

**05** 건우의 나이는 9살이고, 삼촌의 나이는 건우보다 27살 더 많습니다. 삼촌의 나이는 몇 살입니까?

(          )

→ **핵심 내용** 같은 자리 수끼리의 합이 10이거나
10보다 큰 경우에만 받아올림하여 계산

**유형 03** **받아올림이 있는 (몇십몇)+(몇십몇)**

**06** 계산을 하시오.

(1)
```
   2 5
 + 4 5
```

(2)
```
   3 8
 + 2 7
```

**07** 빈 곳에 알맞은 수를 써넣으시오.

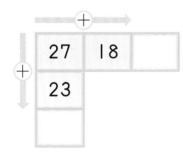

**08** 빈 곳에 두 수의 합을 써넣으시오.

| 22 | 86 |
|----|----|
|    |    |

**09** 계산 결과를 찾아 이으시오.

24+87 •

90+16 •

• 111

• 101

• 106

**10** 같은 모양에 적힌 수의 합을 구하시오.

38   37   63   92

(                    )

**11** 경훈이는 줄넘기를 어제 76번, 오늘 87번 넘었습니다. 경훈이가 어제와 오늘 넘은 줄넘기는 모두 몇 번입니까?

(                    )

3

덧셈과 뺄셈

3. 덧셈과 뺄셈

2단계 기본 유형

핵심 내용 → 여러 가지 방법으로 계산하여 답 구하기

유형 04 여러 가지 방법으로 뺄셈하기

**12** 보기 와 같은 방법으로 계산하시오.

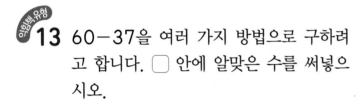

보기
$$34-6=34-4-2$$
$$=30-2=28$$

$$93-7$$

_____

_____

**13** $60-37$을 여러 가지 방법으로 구하려고 합니다. □ 안에 알맞은 수를 써넣으시오.

방법1 37을 가르기하여 구하기

$$60-37=60-30-\boxed{\phantom{0}}$$

$$=30-\boxed{\phantom{0}}$$

$$=\boxed{\phantom{0}}$$

방법2 60과 37에 각각 3씩 더하여 60을 63으로, 37을 40으로 바꾸어 구하기

$$60-37=63-\boxed{\phantom{0}}$$

$$=\boxed{\phantom{0}}$$

핵심 내용 → 같은 자리 수끼리 뺄 수 없을 때에만 받아내림하여 계산

유형 05 받아내림이 있는 (몇십몇)−(몇)

**14** 계산을 하시오.

(1)
$$\begin{array}{r} 2\ 3 \\ -\ \ \ 5 \\ \hline \end{array}$$

(2)
$$\begin{array}{r} 9\ 1 \\ -\ \ \ 8 \\ \hline \end{array}$$

**15** 계산 결과가 더 큰 것에 ○표 하시오.

| $82-7$ | $86-9$ |
|:---:|:---:|
| ( ) | ( ) |

**16** 사과를 민규는 24개, 소미는 8개 땄습니다. 누가 사과를 몇 개 더 많이 땄습니까?

(         ), (         )

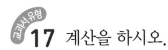

## 유형 06 받아내림이 있는 (몇십)−(몇십몇)

**17** 계산을 하시오.

(1)
```
   9 0
 - 1 3
```

(2)
```
   3 0
 - 2 6
```

**18** 계산 결과를 찾아 선으로 이으시오.

50−15 ・

・ 33

・ 34

70−36 ・

・ 35

**19** 세 수 중에서 가장 큰 수와 가장 작은 수의 차를 구하시오.

| 60 | 19 | 35 |

( 　　　　　 )

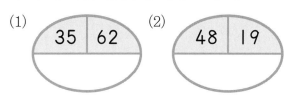

## 유형 07 받아내림이 있는 (몇십몇)−(몇십몇)

**20** 두 수의 차를 빈 곳에 써넣으시오.

(1)
| 35 | 62 |

(2)
| 48 | 19 |

**21** 잘못된 부분을 찾아 바르게 계산하시오.

```
   8 2
 - 6 7
   2 5
```
⇨

**22** 진우와 종수 중에서 누가 턱걸이를 몇 개 더 많이 했습니까?

나는 턱걸이를 42개 했어.

난 38개 했지.

진우　　　　　종수

( 　　　　　 ), ( 　　　　　 )

3

덧셈과 뺄셈

**2**단계 기본 유형

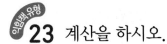

유형 **08** 세 수의 계산

**23** 계산을 하시오.

(1) $41-14+32$

(2) $52+19-25$

**24** ☐ 안에 알맞은 수를 써넣으시오.

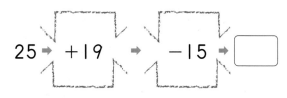

$25 \rightarrow +19 \rightarrow -15 \rightarrow$ ☐

서술형
**25** 귤이 72개 있었는데 그중에서 귤 33개를 이웃집에 주고, 어머니께서 15개를 더 사 오셨습니다. 귤은 모두 몇 개입니까?

식 _____

답 _____

유형 **09** 덧셈과 뺄셈의 관계

**26** 수직선을 보고 ☐ 안에 알맞은 수를 써넣으시오.

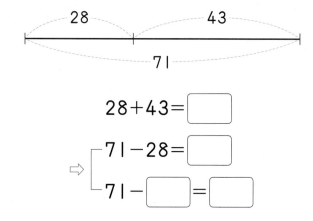

$28+43=$ ☐

⇨ $71-28=$ ☐

$71-$ ☐ $=$ ☐

교과서유형
**27** ☐ 안에 알맞은 수를 써넣으시오.

$73-25=$ ☐

⇨ ☐ $+25=73$

☐ $+$ ☐ $=$ ☐

**28** ㉠과 ㉡에 알맞은 수의 합을 구하시오.

$64-28=36$

⇨ $36+㉠=64$

$28+36=㉡$

( )

정답 및 풀이 21쪽

핵심 내용 ① 모르는 수를 □로 나타내기
② 덧셈과 뺄셈의 관계를 이용하여 □의 값 구하기

유형 10 □의 값 구하기

익힘책유형
**29** 구슬 8개가 있었는데 몇 개를 더 가져와서 12개가 되었습니다. 더 가져온 구슬의 수를 □로 하여 덧셈식을 만들고, □의 값을 구하시오.

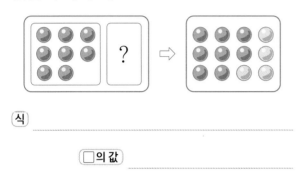

식 _____

□의 값 _____

익힘책유형
**30** □ 안에 알맞은 수를 써넣으시오.

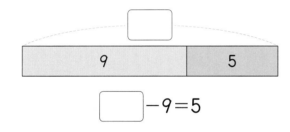

□ −9=5

**31** □ 안에 알맞은 수를 써넣으시오.

(1) □ +2=11

(2) 10− □ =5

**32** □의 값이 큰 순서대로 기호를 쓰시오.

㉠ 10− □ =6
㉡ 6+ □ =12
㉢ □ +8=15

( )

**33** 어머니께서 귤 20개를 쟁반에 담아 두셨습니다. 은주와 동생이 간식으로 귤 몇 개를 먹었더니 9개가 남았습니다. 은주와 동생이 먹은 귤은 몇 개입니까?

( )

**34** 경호가 들고 있는 수는 민정이가 들고 있는 두 수의 합과 같습니다. 민정이가 들고 있는 수 중 모르는 수를 구하시오.

경호　　　　　민정

( )

3

덧셈과 뺄셈

**2단계 기본 유형**

---

**잘 틀리는 유형 11  수 카드로 만든 수의 합 구하기**

**35** 수 카드를 한 번씩만 사용하여 만들 수 있는 두 자리 수 중에서 가장 큰 수와 67의 합을 구하시오.

⑤ ① ③ ④

( )

**36** 수 카드를 한 번씩만 사용하여 만들 수 있는 두 자리 수 중에서 가장 작은 수와 78의 합을 구하시오.

④ ⑤ ② ⑥

( )

**37** 수 카드를 한 번씩만 사용하여 만들 수 있는 두 자리 수 중에서 가장 큰 수와 가장 작은 수의 합을 구하시오.

⑦ ⑥ ⑤ ①

( )

KEY 가장 큰 수와 가장 작은 수를 구한 다음 두 수를 더합니다.

---

**잘 틀리는 유형 12  뺄셈식에서 ☐ 안에 알맞은 수 구하기**

**38** ☐ 안에 알맞은 수를 써넣으시오.

$$\begin{array}{r} \boxed{\phantom{0}}\,4 \\ -\phantom{0}7 \\ \hline 3\,\boxed{\phantom{0}} \end{array}$$

**39** ☐ 안에 알맞은 수를 써넣으시오.

$$\begin{array}{r} \boxed{\phantom{0}}\,1 \\ -\,1\,\boxed{\phantom{0}} \\ \hline 4\,9 \end{array}$$

**40** 어떤 두 수의 차를 구한 것입니다. 이 두 수를 구하시오.

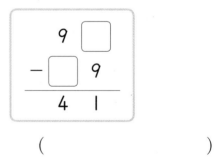

( )

KEY 받아내림을 생각하여 ☐ 안에 알맞은 수를 구합니다.

---

## 1-1

주차장에 자동차가 32대 있었습니다. 29대가 더 들어오고 16대가 빠져나갔습니다. 주차장에 자동차는 몇 대인지 풀이 과정을 완성하고 답을 구하시오.

풀이 (29대가 들어온 후 자동차 수)

$=32+$ □ $=$ □ (대)

(16대가 나간 후 자동차 수)

$=$ □ $-16=$ □ (대)

답 □ 대

## 1-2

버스에 사람이 26명 타고 있었습니다. 사람 17명이 더 타고 29명이 내렸습니다. 버스에 타고 있는 사람은 몇 명인지 풀이 과정을 쓰고 답을 구하시오.

풀이

답 _____

## 2-1

희수는 사탕 15개를 가지고 있었습니다. 그중에서 몇 개를 먹었더니 9개가 남았습니다. 희수가 먹은 사탕은 몇 개인지 풀이 과정을 완성하고 답을 구하시오.

풀이 희수가 먹은 사탕의 수를 ■라고 하면

$15-$ ■ $=$ □ 이므로 $15-$ □ $=$ ■,

■ $=$ □ 입니다.

⇨ 희수가 먹은 사탕은 □ 개입니다.

답 □ 개

## 2-2

유민이네 가족이 고구마를 52개 캤습니다. 그중에서 몇 개를 할머니 댁에 드렸더니 28개가 남았습니다. 할머니 댁에 드린 고구마는 몇 개인지 풀이 과정을 쓰고 답을 구하시오.

풀이

답 _____

# 3단계 유형 평가

3. 덧셈과 뺄셈

점수 /

**01** 27+36을 십의 자리끼리, 일의 자리끼리 더하여 계산하려고 합니다. ☐ 안에 알맞은 수를 써넣으시오.

$$27+36=20+7+30+\boxed{\phantom{0}}$$
$$=50+\boxed{\phantom{0}}$$
$$=\boxed{\phantom{0}}$$

**02** ☐ 안에 알맞은 수를 써넣으시오.

(1)
```
    □ 
    4 2
+   1 9
  □ □
```

(2)
```
  □ □
    7 3
-   2 6
  □ □
```

**03** 교실에 남학생 13명과 여학생 18명이 있습니다. 교실에 있는 학생은 모두 몇 명입니까?

(            )

**04** 계산 결과를 찾아 선으로 이으시오.

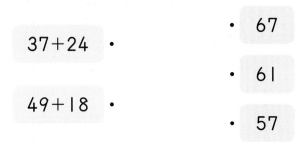

37+24 •

49+18 •

• 67

• 61

• 57

**05** 빈칸에는 선으로 연결된 두 수의 합이 들어갑니다. 빈칸에 알맞은 수를 써넣으시오.

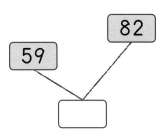

**06** 진영이가 계산한 방법과 같은 방법으로 84−36을 계산하시오.

진영

> 44−28에서 28을 가르기해서 44에서 20을 빼고 8을 뺐어요.

84−36

_____

_____

**07** 세 수 중에서 가장 큰 수와 가장 작은 수의 차를 구하시오.

| 26 | 45 | 7 |

( )

**08** 계산 결과를 찾아 선으로 이으시오.

40−23 ·

· 13

· 23

60−37 ·

· 17

**09** 지우네 반에서 투호 놀이를 하였습니다. 지우네 모둠은 화살을 던져서 34개 넣었고, 민지네 모둠은 화살을 던져서 52개를 넣었습니다. 민지네 모둠은 지우네 모둠보다 화살을 몇 개 더 넣었습니까?

( )

**10** 계산 결과가 더 큰 것의 기호를 쓰시오.

ㄱ 73−36+15
ㄴ 25+37−9

( )

**11** 미술관 입장객 56명이 있었는데 그중 17명이 나가고 입장객 13명이 더 들어왔습니다. 미술관에 있는 입장객은 모두 몇 명인지 구하시오.

(           )

**12** 수직선을 보고 ☐ 안에 알맞은 수를 써넣으시오.

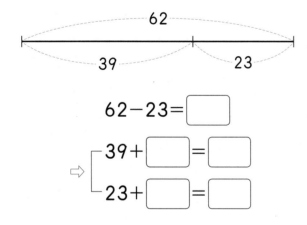

$$62-23=\boxed{\phantom{00}}$$

$$\Rightarrow\ \begin{cases} 39+\boxed{\phantom{00}}=\boxed{\phantom{00}} \\ 23+\boxed{\phantom{00}}=\boxed{\phantom{00}} \end{cases}$$

**13** 아영이가 먹은 만두 수를 구하시오.

식탁 위에 만두가 14개 있었는데 내가 몇 개를 먹었더니 5개가 남았어.

아영

(           )

**14** ☐ 안에 알맞은 수가 같은 것끼리 선으로 이어 보시오.

| $12+\boxed{\phantom{0}}=36$ | · | · | $\boxed{\phantom{0}}-5=16$ |
| $\boxed{\phantom{0}}+11=32$ | · | · | $36-\boxed{\phantom{0}}=12$ |
| $\boxed{\phantom{0}}+7=59$ | · | · | $\boxed{\phantom{0}}-19=33$ |

**15** 수 카드를 한 번씩만 사용하여 만들 수 있는 두 자리 수 중에서 가장 큰 수와 49의 합을 구하시오.

6  0  2  3

(           )

**16** ☐ 안에 알맞은 수를 써넣으시오.

$$
\begin{array}{r}
6\ \boxed{\phantom{0}} \\
-\ \boxed{\phantom{0}}\ 5 \\
\hline
3\ \ 5
\end{array}
$$

**17** 수 카드를 한 번씩만 사용하여 만들 수 있는 두 자리 수 중에서 가장 큰 수와 가장 작은 수의 합을 구하시오.

$$\boxed{6}\quad \boxed{5}\quad \boxed{7}\quad \boxed{9}$$

(                    )

**18** 어떤 두 수의 합을 구한 것입니다. 이 두 수를 구하시오.

$$
\begin{array}{r}
\boxed{\phantom{0}}\ 9 \\
+\ 6\ \boxed{\phantom{0}} \\
\hline
1\ 1\ 7
\end{array}
$$

(                    )

**19** 상우는 사탕 62개를 가지고 있었습니다. 예지에게 사탕 15개를 주고 소미에게 사탕 8개를 받았습니다. 지금 상우가 가지고 있는 사탕은 몇 개인지 풀이 과정을 쓰고 답을 구하시오.

풀이

답 _____

**20** 준우는 붙임딱지 48장을 모았습니다. 붙임딱지가 60장이 되려면 몇 장을 더 모아야 하는지 풀이 과정을 쓰고 답을 구하시오.

풀이

답 _____

QR 코드를 찍어 **단원평가** 를 풀어 보세요.

3

덧셈과 뺄셈

## 유형 01 모르는 수 구하기

덧셈과 뺄셈의 관계를 이용하여 모르는 수를 계산의 결과 부분으로 옮깁니다.

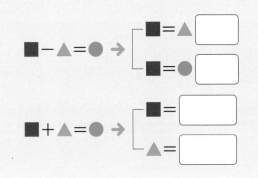

**01** ☐ 안에 알맞은 수를 구하시오.

$$\boxed{\phantom{0}}-7=45$$

(       )

**02** ☐ 안에 알맞은 수를 구하시오.

$$\boxed{\phantom{0}}+14=42$$

(       )

**03** 빈 곳에 알맞은 수를 써넣으시오.

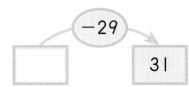

## 유형 02 바르게 계산하기

어떤 수에 27을 더해야 할 것을 잘못하여 뺐더니 38이 되었습니다. 바르게 계산한 값 구하기

① 어떤 수를 ☐로 하여 잘못 계산한 식을 나타내고 어떤 수를 구합니다.

→ ☐$-27=38$, $38+27=$☐,
    ☐$=65$

② 어떤 수에 27을 더하여 바르게 계산한 값을 구합니다.

→ $65+\boxed{\phantom{0}}=\boxed{\phantom{0}}$

**04** 어떤 수에 15를 더해야 할 것을 잘못하여 뺐더니 49가 되었습니다. 바르게 계산하면 얼마인지 구하시오.

(       )

**05** 어떤 수에서 34를 빼야 할 것을 잘못하여 더했더니 91이 되었습니다. 바르게 계산하면 얼마인지 구하시오.

(       )

QR 코드를 찍어 **동영상 특강**을 보세요.

유형 **03** 알맞은 수를 찾아 식 만들기

두 수를 골라 합이 75가 되는 식 만들기

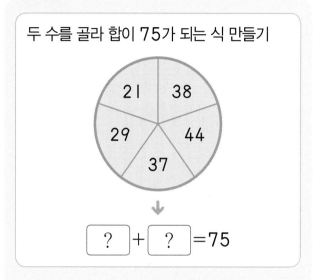

? + ? =75

① 일의 자리 수끼리 합이 5이거나 15인 두 수를 찾습니다.

→ 21과 ☐ , 38과 ☐

② ①에서 찾은 두 수로 덧셈식을 알맞게 완성합니다.

→ 21 + ☐ =65 (×)

38 + ☐ =75 (○)

**06** 수 카드 2장을 골라 합이 76이 되는 식을 만드시오.

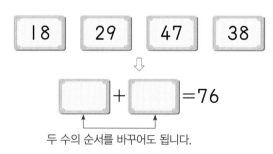

☐ + ☐ =76

두 수의 순서를 바꾸어도 됩니다.

유형 **04** 새 교과서에 나온 활동 유형

**[07~09]** 진우는 47에서 출발하여 35가 쓰인 곳까지 가려고 합니다. 물음에 답하시오.

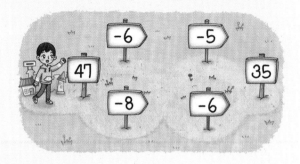

**07** 진우가 갈 수 있는 길은 모두 몇 가지입니까?

( )

**08** 진우가 갈 수 있는 길을 따라 계산식을 만들어 계산하시오.

식1 _____

식2 _____

식3 _____

식4 _____

**09** 진우가 가야 하는 길을 표시하시오.

**유형 01 모르는 수 구하기**

**01** 다음 식에서 □ 안에 알맞은 수를 구하시오.

$$57 - \square = 29$$

( )

**02** 수직선에서 □ 안에 알맞은 수를 구하시오.

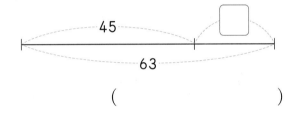

( )

**03** 로운이가 뽑은 수는 재이가 뽑은 두 수의 합과 같습니다. 재이가 뽑은 수 중에서 모르는 수를 구하시오.

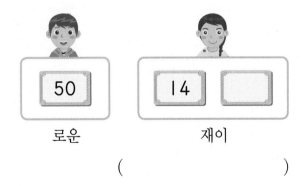

로운          재이

( )

**유형 02 범위 안에 알맞은 수 구하기**

**04** 1부터 9까지의 수 중에서 □ 안에 들어갈 수 있는 수를 모두 구하시오.

$$92 - \square 4 > 52$$

( )

**05** 20에서 29까지의 수 중에서 □ 안에 들어갈 수 있는 수를 구하시오.

$$34 + \square > 62$$

( )

**06** □ 안에 들어갈 수 있는 수 중에서 가장 큰 수를 구하시오.

$$28 + 46 > \square$$

( )

QR 코드를 찍어 **동영상 특강**을 보세요.

유형 **03**   두 수의 뺄셈

**07** 공원에 참새 73마리가 있었습니다. 잠시 후 46마리가 날아갔습니다. 공원에 남아 있는 참새는 몇 마리인지 식을 쓰고 답을 구하시오.

식 _____

답 _____

**08** 시후네 과수원에 있는 사과나무는 85그루, 배나무는 38그루입니다. 사과나무는 배나무보다 몇 그루 더 많이 있는지 식을 쓰고 답을 구하시오.

식 _____

답 _____

서술형
**09** 삼각형에 쓰인 수를 한 번씩 사용하여 두 자리 수를 만들려고 합니다. 만들 수 있는 두 수의 차는 얼마인지 식을 쓰고 답을 구하시오.

식 _____

답 _____

유형 **04**   세 수의 계산

**10** 빈 곳에 알맞은 수를 써넣으시오.

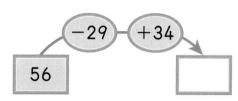

**11** ☐ 안에 알맞은 수를 구하시오.

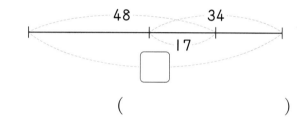

( _____ )

서술형
**12** 민주는 사탕 34개를 가지고 있었습니다. 연우에게 16개를 주고, 지수에게 23개를 받았습니다. 민주가 가지고 있는 사탕은 몇 개인지 식을 쓰고 답을 구하시오.

식 _____

답 _____

3

덧셈과 뺄셈

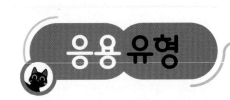
**두 자리 수의 덧셈과 뺄셈 활용**

**01** <sup>❸</sup>현우와 다빈이가 가진 딱지는 모두 몇 장인지 구하시오.

> ❶현우: 난 딱지를 3장만 더 모으면 50장이 돼.
> ❷다빈: 난 너보다 8장 더 적어.

(                    )

❶ 현우가 가진 딱지 수를 구합니다.
❷ 다빈이가 가진 딱지 수를 구합니다.
❸ 현우와 다빈이가 가진 딱지 수의 합을 구합니다.

**합이 주어진 두 수 구하기**

**02** 다음과 같이 ❶십의 자리 숫자가 6인 두 자리 수와 일의 자리 숫자가 9인 두 자리 수가 있습니다. 두 수의 합이 114일 때 / ❷두 수를 각각 구하시오.

| 6 □ |     | □ 9 |

(                    )

❶ 6□+□9=114
❷ ❶의 식을 이용하여 □ 안에 알맞은 수를 구하여 두 수를 찾습니다.

**조건에 맞는 수 구하기**

**03** 조건에 맞는 <sup>❸</sup>▲를 구하시오.

> ❶ ( • ▲는 두 자리 수입니다.
>      • ▲의 일의 자리 숫자는 7입니다.
> ❷ • ▲+8의 십의 자리 숫자는 4입니다.

(                    )

❶ ▲를 □7이라고 놓습니다.
❷ □7+8=4●
❸ ❷의 식에서 □를 찾아 ▲를 구합니다.

**□ 안에 알맞은 수 구하기**

**04** 0에서 9까지의 숫자 중에서 <sup>❷</sup>□ 안에 들어갈 수 있는 수는 / <sup>❸</sup>모두 몇 개입니까?

> <sup>❶</sup>$54-7+11<60-□$

(        )

❶ 세 수를 계산합니다.
❷ 0부터 9까지 □ 안에 넣어 봅니다.
❸ ❷에서 찾은 수의 개수를 구합니다.

**덧셈과 뺄셈의 관계**

**05** <sup>❷</sup>세 수 ▲, ●, ■의 합을 구하시오.

> <sup>❶</sup>
> $58+6=▲$
> $29-●=21$
> $91-5-■=83$

(        )

❶ 덧셈과 뺄셈의 관계를 이용하여 ▲, ●, ■를 각각 구합니다.
❷ ▲+●+■를 구합니다.

**조건에 맞는 뺄셈식 만들기**

**06** ⑤ , ① , ⑧ , ⑨ 4장의 수 카드를 한 번씩 모두 사용하여 <sup>❶</sup>계산 결과가 가장 큰 뺄셈식과 / <sup>❷</sup>가장 작은 뺄셈식을 각각 만들고 계산하시오.

❶ 뺄셈의 결과가 가장 크게 되려면 가장 큰 수와 가장 작은 수의 차를 구합니다.
❷ 뺄셈의 결과가 가장 작게 되려면 가장 가까운 두 수의 차를 구합니다.

| 계산 결과가 가장 큰 식 | 계산 결과가 가장 작은 식 |
|---|---|

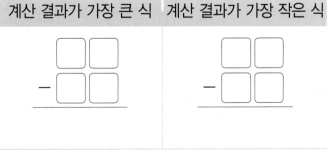

**07**

수 카드를 한 번씩 사용하여 두 자리 수를 만들려고 합니다. 만들 수 있는 수 중에서 가장 큰 수와 28의 차를 구하시오.

3  6  5  7

(                    )

**08**

수현이와 민지가 3일 동안 윗몸일으키기를 한 횟수입니다. 3일 동안 윗몸일으키기를 누가 몇 회 더 많이 했습니까?

윗몸일으키기 횟수

|  | 첫째 날 | 둘째 날 | 셋째 날 |
|---|---|---|---|
| 수현 | 18회 | 35회 | 28회 |
| 민지 | 25회 | 29회 | 19회 |

(                ), (                )

**09**

규칙에 따라 계산하여 ★을 구하시오.

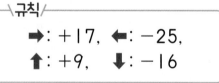

규칙

➡: +17,  ⬅: −25,
⬆: +9,  ⬇: −16

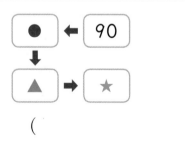

●  ⬅  90
⬇
▲  ➡  ★

(                    )

**10**

다음과 같이 십의 자리 숫자가 2인 두 자리 수와 일의 자리 숫자가 7인 두 자리 수가 있습니다. 두 수의 합이 82일 때 두 수를 각각 구하시오.

2[ ]    [ ]7

(                    )

**11**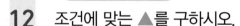

계산이 맞도록 ☐ 안에 알맞은 수를 써넣으시오.

$8+27+$ ☐ $=54$

**12**

조건에 맞는 ▲를 구하시오.

• ▲는 두 자리 수입니다.
• ▲의 십의 자리 숫자는 5입니다.
• ▲−18의 일의 자리 숫자는 3입니다.

(                    )

**13** 조건에 맞는 수들의 합을 구하시오.

> • 35보다 크고 62보다 작습니다.
> • 일의 자리 수가 7입니다.

(            )

□ 안에 알맞은 수 구하기
**14** □ 안에 알맞은 수를 써넣으시오.

$$40-19<\boxed{\phantom{00}}<72-49$$

**15** 0부터 9까지의 수 중에서 □ 안에 들어

갈 수 있는 수를 모두 쓰시오.

$$34+1\boxed{\phantom{0}}>51$$

(            )

덧셈과 뺄셈의 관계
**16** 세 수를 한 번씩 모두 이용하여 덧셈식을

만든 후 덧셈식을 보고 뺄셈식을 2가지
쓰시오.

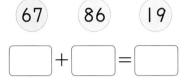

$$\boxed{\phantom{00}}+\boxed{\phantom{00}}=\boxed{\phantom{00}}$$

[뺄셈식] _____

**17** 어떤 수는 얼마인지 구하시오.

> 어떤 수보다 19 작은 수는 53과
> 24의 합과 같습니다.

(            )

조건에 맞는 뺄셈식 만들기
**18** 4장의 수 카드를 한 번씩 모두 사용하여

뺄셈식을 만들려고 합니다. 차가 가장 작
은 (두 자리 수)−(두 자리 수)의 식을 완
성하시오.

$$\boxed{\phantom{00}}-\boxed{\phantom{00}}=\boxed{\phantom{00}}$$

**3**

덧셈과 뺄셈

**추론**

**1**

성냥개비를 사용하여 식을 만들었습니다. 계산이 맞도록 수를 나타내는 부분의 성냥개비 한 개를 옮기시오.

동영상

$$48 + 25 = 78$$

**추론**

**2**

사각형의 오른쪽과 아래쪽의 원 안의 수는 각 가로줄과 세로줄에 있는 두 도형이 나타내는 수의 합입니다. 보기 와 같이 빈 곳에 알맞은 수를 써넣으시오.

동영상

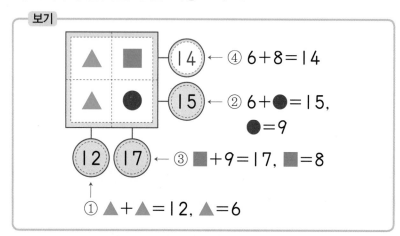

보기

④ $6+8=14$

② $6+●=15$, $●=9$

③ $■+9=17$, $■=8$

① $▲+▲=12$, $▲=6$

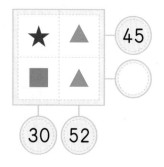

▲를 먼저 구해 보세요.

**문제 해결**

**3**

다음을 보고 물음에 답하시오.

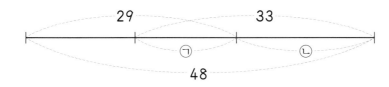

**1** ㉠에 알맞은 수를 구하시오.

　　　　　　( 　　　　　　　　　　 )

$29+33-㉠=48$

**2** ㉡을 구하는 덧셈식을 쓰시오.

덧셈식 _____

**3** ㉡을 구하는 뺄셈식을 쓰고 ㉡에 알맞은 수를 구하시오.

뺄셈식 _____

답 _____

3

덧셈과 뺄셈

## 1

동영상

| HME 18번 문제 수준 |

80−59의 계산 방법을 두 가지로 나타낸 것입니다. ㉠과 ㉡에 알맞은 수의 합을 구하시오.

- $80-59=80-60+㉠$
- $80-59=80-50-㉡$

(                    )

## 2

동영상

| HME 19번 문제 수준 |

수 카드 1, 4, 5, 6 을 한 번씩 모두 사용하여 두 자리 수를 2개 만들려고 합니다. 만든 두 수의 합이 가장 클 때의 값과 합이 가장 작을 때의 값을 구하시오.

합이 가장 큰 경우 (                    )

합이 가장 작은 경우 (                    )

△ 합을 가장 크게 만들려면 십의 자리에 큰 수를 놓습니다.

합을 가장 작게 만들려면 십의 자리에 작은 수를 놓습니다.

**3**

| HME 20번 문제 수준 |

식이 성립하도록 ◯ 안에 ＋, － 를 알맞게 써넣으시오.

(1) 49◯37◯56=30

(2) 72◯46◯38=64

◇ ◯ 안에 ＋, － 를 넣어 일의 자리 수만 계
산한 다음 결괏값의 일의 자리 수와 비교해
봅니다.
작은 수에서 큰 수를 뺄 수 없는 경우는 받아
내림 계산을 생각합니다.

**3**

덧셈과 뺄셈

**4**

| HME 21번 문제 수준 |

다음 식에서 같은 모양은 같은 수를 나타냅니다. ◆에 알맞은
수를 구하시오.

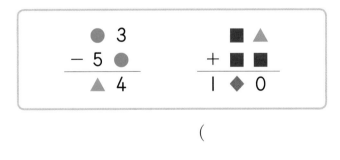

(                              )

◇ 3에서 어떤 수를 빼어 4가 나올 수 없습
니다. 따라서 ●3-5●는 받아내림이 있는
경우로 생각합니다.

# 4 길이 재기

## 학습 계획표

계획표대로 공부했으면 ○표, 못했으면 △표 하세요.

| 내용 | 쪽수 | 날짜 | | 확인 |
|---|---|---|---|---|
| ❶단계 핵심 개념+기초 문제 | 90~91쪽 | 월 | 일 | |
| ❷단계 기본 유형 | 92~95쪽 | 월 | 일 | |
| ❷단계 잘 틀리는 유형+서술형 유형 | 96~97쪽 | 월 | 일 | |
| ❸단계 유형(단원) 평가 | 98~101쪽 | 월 | 일 | |
| 잘 틀리는 실력 유형 | 102~103쪽 | 월 | 일 | |
| 다르지만 같은 유형 | 104~105쪽 | 월 | 일 | |
| 응용 유형 | 106~109쪽 | 월 | 일 | |
| 사고력 유형 | 110~111쪽 | 월 | 일 | |
| 최상위 유형 | 112~113쪽 | 월 | 일 | |

4. 길이 재기

# 핵심 개념
1 단계

개념에 대한 **자세한 동영상 강의**를
시청하세요.

## 개념 **1** 길이 재기

• 여러 가지 단위로 길이 재기

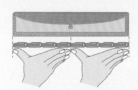

클립으로 **8**번입니다.
뼘으로 **2**뼘입니다.

• **1** cm (**1** 센티미터) 알아보기

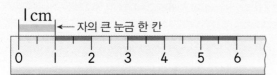

• 자로 길이 재는 방법
한끝을 자의 눈금 **①**[　]에 맞추고 다른 끝
에 있는 눈금을 읽습니다.

**핵심** 단위, 1 cm, 길이 재기

**[전에 배운 내용]**
• 한쪽 끝을 맞추었을 때 반대쪽 끝이 남는 것
이 더 깁니다.

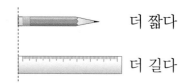

더 짧다

더 길다

**[앞으로 배울 내용]**
• **1** m(**1** 미터) 알아보기
**100** cm는 **1** m와
같습니다.

• 몇 m 몇 cm 알아보기
**120** cm=**100** cm+**20** cm
　　　　=**1** m+**20** cm=**1** m **20** cm

## 개념 **2** 약

• 자로 잰 길이를 약 몇 cm로 나타내기
길이가 자의 눈금 사이에 있을 때 눈금과 가까
운 쪽에 있는 숫자를 읽고 **약**을 붙여 말합니다.

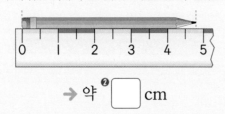

→ 약 **②**[　] cm

• 자를 이용하지 않고 어림한 길이 나타내기
대략 짐작하여 길이를 어림할 때는 **약**을 붙
여 말합니다.

크레파스 → 약 **4** cm

**핵심** 약, 어림하기

**[앞으로 배울 내용]**
• 길이의 합
m는 m끼리, cm는 cm끼리 더합니다.

$$
\begin{array}{r}
1\ m\ 40\ cm \\
+\ 1\ m\ 30\ cm \\
\hline
70\ cm
\end{array}
\Rightarrow
\begin{array}{r}
1\ m\ 40\ cm \\
+\ 1\ m\ 30\ cm \\
\hline
2\ m\ 70\ cm
\end{array}
$$

• 길이의 차
m는 m끼리, cm는 cm끼리 뺍니다.

$$
\begin{array}{r}
3\ m\ 70\ cm \\
-\ 1\ m\ 40\ cm \\
\hline
30\ cm
\end{array}
\Rightarrow
\begin{array}{r}
3\ m\ 70\ cm \\
-\ 1\ m\ 40\ cm \\
\hline
2\ m\ 30\ cm
\end{array}
$$

정답 ▶ **1** 0 **2** 5

**체크**

**1-1** ☐ 안에 알맞은 수를 써넣으시오.

(1)

붓의 길이는 엄지손가락 너비로
☐ 번입니다.

(2)

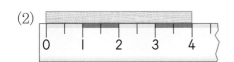

막대의 길이는 1 cm가 4번이므로
☐ cm입니다.

**1-2** ☐ 안에 알맞은 수를 써넣으시오.

(1)

우산의 길이는 ☐ 뼘입니다.

(2)

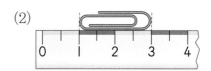

클립의 길이는 1 cm가 2번이므로
☐ cm입니다.

**체크**

**2-1** 막대의 길이를 재어 보려고 합니다. 물음에
답하시오.

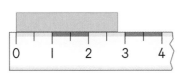

(1) 막대의 길이는 1 cm가 몇 번인 길이
에 가깝습니까?

( )

(2) 막대의 길이는 약 몇 cm입니까?

( )

**2-2** 옷핀의 길이를 재어 보려고 합니다. 물음에
답하시오.

(1) 옷핀의 길이는 1 cm가 몇 번인 길이
에 가깝습니까?

( )

(2) 옷핀의 길이는 약 몇 cm입니까?

( )

# 2 단계 기본 유형

유형 01 직접 맞대어 비교할 수 없는 길이 비교하기

**[01~02] 책상의 길이를 비교하려고 합니다. 물음에 답하시오.**

**01** 서진이와 준우가 ㉠과 ㉡의 길이를 비교하는 방법을 설명했습니다. 바르게 설명한 사람은 누구인지 쓰고 그 이유를 설명하시오.

직접 맞대어 한쪽 끝을 맞춘 다음 길이를 비교해야지.

서진

종이띠를 이용하여 길이를 비교해야지.

준우

답 _____

이유 _____

_____

_____

**02** 준우가 종이띠를 이용하여 ㉠과 ㉡의 길이를 재어 비교하였습니다. 더 긴 쪽을 찾아 기호를 쓰시오.

㉠ ⇨ ▭▭▭▭▭▭

㉡ ⇨ ▭▭▭▭▭

( )

유형 02 여러 가지 단위로 길이 재기

**03** 국자와 우산의 길이는 각각 몇 뼘입니까?

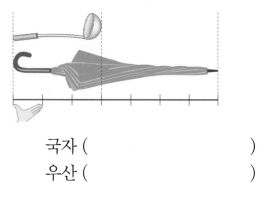

국자 ( )

우산 ( )

**04** 유하가 뼘으로 여러 물건의 긴 쪽의 길이를 잰 것입니다. 긴 쪽의 길이가 가장 긴 물건은 무엇입니까?

> 텔레비전: 12뼘
> 냉장고: 35뼘
> 세탁기: 20뼘

( )

**05** 책상의 긴 쪽의 길이를 가위와 필통을 단위로 하여 재었더니 가위로 6번, 필통으로 7번이었습니다. 가위와 필통 중에서 어느 것이 더 짧습니까?

( )

핵심 내용 • 1 cm: 자에 쓰인 숫자와 숫자 사이 한 칸의 길이
• 1 cm가 ■번이면 ■ cm

유형 03 **1 cm 알아보기**

**06** 주어진 길이를 쓰고 읽어 보시오.

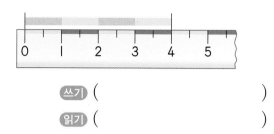

쓰기 ( )

읽기 ( )

**07** 같은 길이를 찾아 선으로 이으시오.

| 1 cm가 3번 | • | • | 1 cm가 7번 |
|---|---|---|---|
| 7 센티미터 | • | • | 9 센티미터 |
| 9 cm | • | • | 3 cm |

**08** ㉠과 ㉡에 알맞은 수의 합을 구하시오.

• 1 cm가 ㉠번이면 4 센티미터입니다.
• 3 센티미터는 ㉡ cm입니다.

( )

핵심 내용 • 한끝을 자의 눈금 0에 맞추어 재기
• 1 cm가 몇 번 들어가는지 세기

유형 04 **자를 이용하여 길이 재기**

**09** 자를 사용하여 클립의 길이를 바르게 잰 것에 ◯표 하시오.

( ) ( ) ( )

**10** 풀의 길이는 몇 cm인지 쓰고 읽어 보시오.

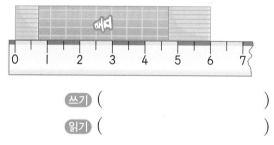

쓰기 ( )

읽기 ( )

**11** 크레파스의 길이는 몇 cm인지 쓰고 읽어 보시오.

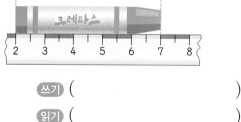

쓰기 ( )

읽기 ( )

4

길이 재기

**12** 바다와 지온이는 집 앞 화단에 화초를 함께 심고 가꾸었습니다. 심은 화초의 키를 각각 자로 재어 쓰시오.

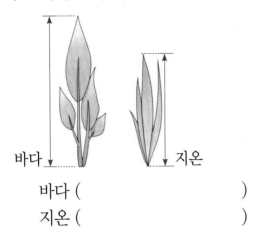

바다 (　　　　　　　)

지온 (　　　　　　　)

**13** 가장 긴 선과 가장 짧은 선의 길이는 각각 몇 cm입니까?

가장 긴 선 (　　　　　　　)

가장 짧은 선 (　　　　　　　)

> **핵심 내용** 길이가 자의 눈금 사이에 있을 때 '약'을 붙여 몇 cm에 가까운지 말한다.

유형 **05** 약 몇 cm로 나타내기

<sup>교과서 유형</sup>
**14** 포크의 길이를 재고 있습니다. 물음에 답하시오.

(1) 포크의 한쪽 끝이 몇 cm 눈금에 가깝습니까?

(　　　　　　　)

(2) 포크의 길이는 약 몇 cm입니까?

(　　　　　　　)

**15** 크레파스의 길이는 약 몇 cm입니까?

(　　　　　　　)

<sup>익힘책 유형</sup>
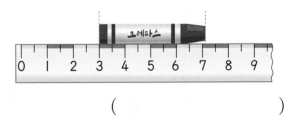
**16** 연필의 길이는 약 몇 cm입니까?

(　　　　　　　)

**17** 삼각형의 세 변의 길이를 각각 재어 보시오.

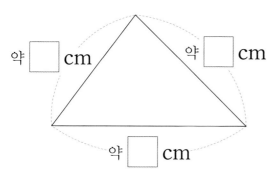

약 ☐ cm　　　　약 ☐ cm

약 ☐ cm

**18** 선영이와 준모가 나무 막대의 길이를 재었습니다. 길이를 잘못 잰 사람은 누구인지 쓰시오.

나무 막대의 한끝이 8 cm에 가까우니까 약 8 cm라고 할 수 있어.

선영

나무 막대의 길이는 1 cm가 5번쯤 들어가니까 약 5 cm네.

준모

( 　　　　　　 )

핵심 내용 ▶ 대략 몇 cm인지 짐작할 때 '약'을 붙여 말한다.

유형 **06** 어림하기

교과서유형
**19** 크레파스의 길이는 약 몇 cm인지 어림하고, 자로 재어 보시오.

크레파스

어림한 길이 ( 　　　　　 )
자로 잰 길이 ( 　　　　　 )

**20** 가 막대의 길이는 4 cm입니다. 나 막대의 길이를 어림하여 보시오.

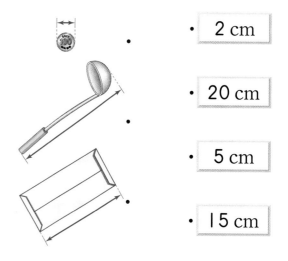

가

나

약 ( 　　　　　 )

**21** 물건의 실제 길이에 가장 가까운 것을 찾아 선으로 이어 보시오.

· 　2 cm

· 　20 cm

· 　5 cm

· 15 cm

**4**

길이 재기

## 잘 틀리는 유형 07 알맞은 단위 알아보기

**22** 뼘과 못으로 칠판의 긴 쪽의 길이를 재어 보려고 합니다. 더 적은 횟수로 잴 수 있는 단위에 ○표 하시오.

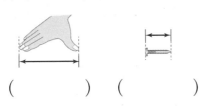

(       )   (       )

**23** 여러 가지 단위로 침대의 긴 쪽의 길이를 재어 보려고 합니다. 길이를 재는 데 가장 알맞은 단위를 쓰시오.

| 클립,     지우개,     수학책 |
|---|

(            )

**합성유형 24** 붓의 길이를 재는 데 열쇠와 우산 중 단위로 사용하기에 더 알맞은 것을 쓰시오.

(            )

**KEY** 단위의 길이가 재려는 길이보다 더 길면 길이를 잴 수 없습니다.

## 잘 틀리는 유형 08 모눈종이를 이용하여 길이 재기

**[25~26]** 모눈종이 위에 여러 가지 물건이 놓여 있습니다. 물음에 답하시오.

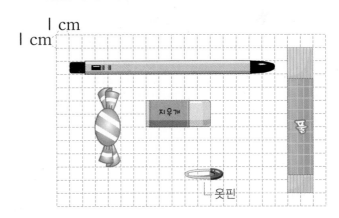

**25** 볼펜의 길이는 몇 cm입니까?

(            )

**26** 모눈종이 위에 놓여 있는 물건의 길이를 각각 써넣으시오.

| 사탕 | | 딱풀 | |
|---|---|---|---|
| 지우개 | | 옷핀 | |

**합성유형 27** 한 칸의 길이가 1 cm인 모눈종이 위에 다음과 같이 선을 그었습니다. 그은 선의 길이는 모두 몇 cm입니까?

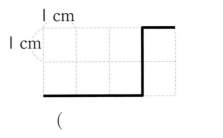

(            )

**KEY** 선의 길이는 1 cm가 몇 번인지 알아봅니다.

**1-1**

숟가락의 길이는 약 몇 cm인지 풀이 과정을 완성하고 답을 구하시오.

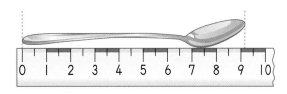

(풀이) 한쪽 끝을 자의 눈금 0에 맞추었고

다른 쪽 끝은 [ ]에 가깝습니다.

숟가락의 길이는 [ ]cm에 가깝습니다.

(답) [                    ]

**2-1**

더 긴 줄을 가지고 있는 사람은 누구인지 풀이 과정을 완성하고 답을 구하시오.

주호: 필통으로 5번
진우: 클립으로 5번

(풀이) 필통과 클립 중 더 긴 단위는 [        ]

입니다.

같은 횟수로 재었으므로 단위의 길이가

더 긴 [        ]으로 잰 줄이 더 깁니다.

(답) [        ]

**1-2**

연필의 길이는 약 몇 cm인지 풀이 과정을 쓰고 답을 구하시오.

(풀이)

(답)

**2-2**

더 긴 줄을 가지고 있는 사람은 누구인지 풀이 과정을 쓰고 답을 구하시오.

소라: 17 cm
은서: 뼘으로 17번

(풀이)

(답)

# 3단계 유형 단원 평가

점수 /

**01** 종이띠를 이용하여 창문의 길이를 비교하였습니다. 더 긴 쪽에 ○표 하시오.

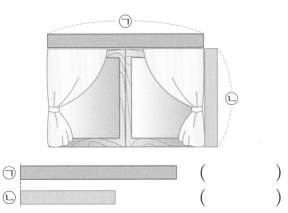

ㄱ ( )
ㄴ ( )

**02** 교과서의 길이는 지우개로 몇 번입니까?

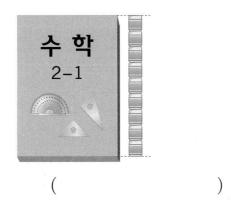

( )

**03** 민지가 리코더로 두 물건의 긴 쪽의 길이를 잰 것입니다. 긴 쪽의 길이가 더 긴 물건은 무엇입니까?

> 텔레비전: 3번
> 세탁기: 5번

( )

**04** 주어진 길이를 쓰고 읽어 보시오.

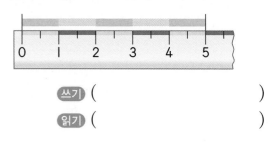

쓰기 ( )
읽기 ( )

**05** 길이를 바르게 잰 것을 찾아 기호를 쓰시오.

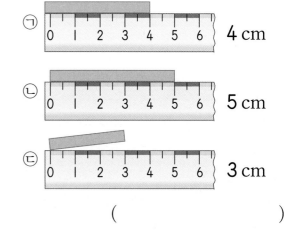

ㄱ 4 cm
ㄴ 5 cm
ㄷ 3 cm

( )

정답 및 풀이 **33**쪽

**06** 나타내는 길이가 <u>다른</u> 하나를 찾아 기호를 쓰시오.

⊙
ⓒ 4 센티미터
ⓛ 1 cm가 3번
ⓔ 3 cm

(                    )

**07** 막대의 길이를 찾아 선으로 이어 보시오.

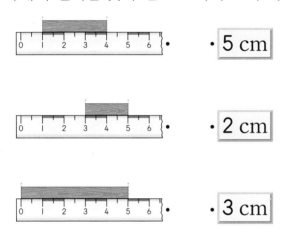

• 5 cm

• 2 cm

• 3 cm

**08** 자를 이용하여 사각형의 변의 길이를 재어 네 변의 길이의 합을 구하시오.

(                    )

**09** 가장 긴 선과 가장 짧은 선의 길이는 각각 몇 cm입니까?

가장 긴 선 (                    )
가장 짧은 선 (                    )

**10** 고추의 길이는 약 몇 cm입니까?

(                    )

**11** 옷핀의 길이는 약 몇 cm입니까?

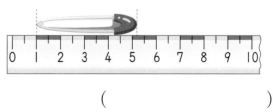

(                    )

**12** 영수가 모은 연필입니다. 연필의 길이는 약 몇 cm입니까?

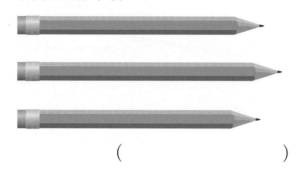

( )

**13** 색연필의 길이는 약 몇 cm인지 어림하고, 자로 재어 보시오.

어림한 길이 ( )
자로 잰 길이 ( )

**14** 보기 에 주어진 길이를 골라서 문장을 완성하시오.

> 보기
> | 1 cm | 140 cm |
> | 15 cm | 50 cm |

(1) 초등학교 2학년인 승원이의 키는 □입니다.

(2) 내 엄지손톱의 너비는 □입니다.

(3) 책가방의 높이는 □입니다.

**15** 여러 가지 단위로 사물함의 길이를 재어 보려고 합니다. 길이를 재는 데 가장 알맞은 단위를 쓰시오.

> 딱풀, 뼘, 지우개

( )

**16** 모눈종이 위에 있는 물건 중에서 긴 쪽의 길이가 가장 긴 물건의 길이는 몇 cm입니까?

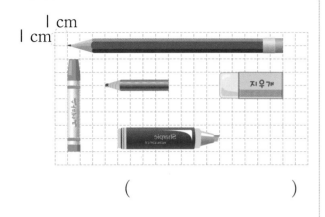

(           )

함정유형 **17** 필통의 길이를 재는 데 지우개와 리코더 중 단위로 사용하기에 더 알맞은 것을 쓰시오.

(           )

함정유형 **18** 한 칸의 길이가 | cm인 모눈종이 위에 다음과 같이 선을 그었습니다. 그은 선의 길이는 모두 몇 cm입니까?

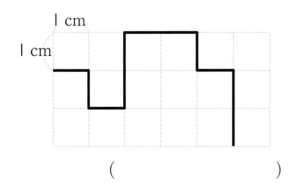

(           )

서술형 **19** 클립의 길이는 약 몇 cm인지 풀이 과정을 쓰고 답을 구하시오.

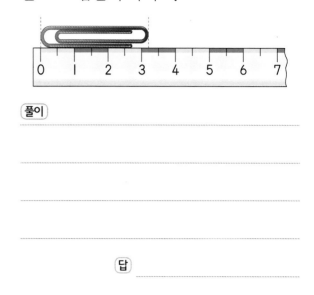

풀이

답

서술형 **20** 더 긴 줄을 가지고 있는 사람은 누구인지 풀이 과정을 쓰고 답을 구하시오.

> 연우: 딱풀로 | 0번
> 민서: 리코더로 | 0번

풀이

답

**4**

길이 재기

**QR 코드**를 찍어   단원평가   를 풀어 보세요.

## 유형 01 모형을 단위로 길이 비교하기

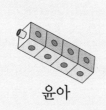

지수

윤아

① 모양을 만드는 데 사용한 모형을 셉니다.

→ 지수: **5**개, 윤아: ☐개

② 사용한 모형이 많을수록 더 긴 모양을 만든 것입니다.

→ **5**>**4**이므로 더 긴 모양을 만든 사람은 ☐ 입니다.

**01** 모형으로 만든 오른쪽 모양보다 더 긴 모양에 ○표 하시오.

 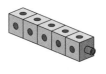

(      ) (      )

**02** 영수, 정수, 문선은 모형으로 모양 만들기를 하였습니다. 가장 긴 모양을 만든 사람은 누구입니까?

영수     정수     문선

 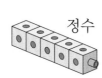 

(          )

## 유형 02 약 몇 cm로 나타내기

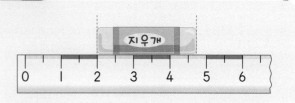

① 한끝을 어디에 맞추었는지 확인합니다.

→ 자의 눈금 ☐ 에 맞추었습니다.

② 한끝부터 다른 끝까지 **1** cm가 몇 번쯤 들어가는지 세어 길이를 나타냅니다.

→ **1** cm가 **3**번쯤 들어가므로

약 ☐ cm입니다.

**03** 머리핀의 길이는 약 몇 cm입니까?

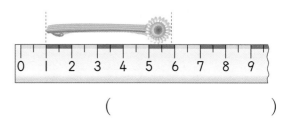

(          )

**04** 다음과 같은 막대 과자가 있습니다. 초콜릿이 발라진 부분의 길이는 약 몇 cm입니까?

(          )

## 유형 **03** 길이 어림하기

실제 길이에 더 가깝게 어림한 사람 찾기

유진: 약 8 cm, 종환: 약 9 cm

① 실제 길이를 알아봅니다. → 7 cm
② 실제 길이와 어림한 길이의 차가 작을수록 더 가깝게 어림한 것입니다.

유진: 8−7=1 (cm)
종환: 9−7=2 (cm)

→ [      ]이가 실제 길이에 더 가깝게 어림했습니다.

**05** 길이가 10 cm인 볼펜의 길이를 유연이는 약 8 cm, 정수는 약 6 cm라고 어림하였습니다. 누가 실제 길이에 더 가깝게 어림하였습니까?

(                    )

**06** 길이가 8 cm인 숟가락을 미진이는 약 7 cm, 유리는 약 10 cm, 지호는 약 5 cm라고 어림하였습니다. 누가 실제 길이에 가장 가깝게 어림했습니까?

(                    )

## 유형 **04** 새 교과서에 나온 활동 유형

**[07~08]** 1 cm, 2 cm, 4 cm **막대가 있습니다. 이 막대들을 여러 번 사용하여 서로 다른 방법으로 8 cm를 색칠하려고 합니다.**

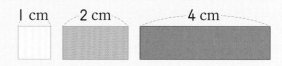

**07** 두 가지 색만 사용하여 8 cm를 색칠하시오.

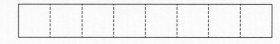

**08** 세 가지 색을 모두 사용하여 8 cm를 색칠하시오.

**09** 선영이가 색 테이프의 길이를 잘못 재었습니다. 길이를 바르게 재고 그 이유를 쓰시오.

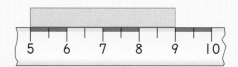

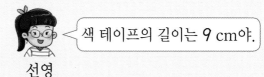
선영    색 테이프의 길이는 9 cm야.

색 테이프의 길이는 [      ] cm입니다.

왜냐하면 _____

_____

## 유형 01 물건의 길이 비교하기

**01** 형균이가 뼘으로 각 물건의 길이를 잰 것입니다. 길이가 가장 긴 물건은 무엇입니까?

> 수학책: 2뼘  책상: 5뼘
> 붓: 3뼘  의자: 4뼘

( )

**02** 가장 긴 선을 찾아 기호를 쓰시오.

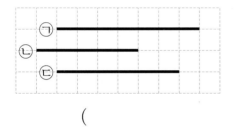

( )

**03** 뼘과 엄지손가락 너비로 물건의 길이를 재었습니다. 가와 나 중 더 긴 것은 무엇입니까?

> 가: 뼘으로 7번
> 나: 엄지손가락 너비로 7번

( )

## 유형 02 단위의 길이 비교하기

**04** 상이와 동호가 뼘으로 칠판의 긴 쪽의 길이를 재었습니다. 누구의 뼘의 길이가 더 짧습니까?

| 상이의 뼘 | 동호의 뼘 |
|---|---|
| 11번 | 15번 |

( )

**05** 피아노의 긴 쪽의 길이를 색연필과 연필을 단위로 하여 재었더니 색연필로 14번, 연필로 23번이었습니다. 색연필과 연필 중에서 어느 것이 더 깁니까?

( )

**06** 세 사람이 각자 가진 막대로 텔레비전의 긴 쪽의 길이를 재었습니다. 가장 긴 막대를 가지고 있는 사람은 누구입니까?

> • 정은이의 막대로 7번
> • 민서의 막대로 9번
> • 아영이의 막대로 4번

( )

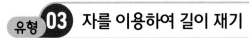

QR 코드를 찍어 **동영상 특강**을 보세요.

**유형 03** 자를 이용하여 길이 재기

**07** 길이가 더 긴 연필은 어느 것입니까?

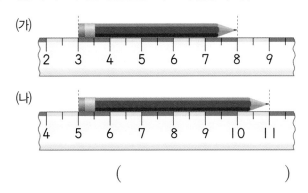

(    )

**08** 길이를 재어 구하시오.

(1)

⇨ 약 [ ] cm

(2)

⇨ 약 [ ] cm

**09** 눈금의 일부분이 지워진 자가 있습니다. 옷핀의 길이가 3 cm일 때 못의 길이는 몇 cm입니까?

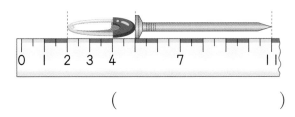

(    )

**유형 04** 길이 어림하기

**10** 실제 길이가 12 cm인 연필을 수민이는 약 10 cm로, 주영이는 약 15 cm로 어림 했습니다. 누가 실제 길이에 더 가깝게 어림 했습니까?

(    )

서술형

**11** 길이를 약 6 cm로 어림하여 다음과 같이 색 테이프 3도막을 잘랐습니다. 어림을 잘 한 도막부터 차례로 기호를 쓰고 이유를 쓰시오.

㉠
㉡
㉢

답

이유

4

길이 재기

**여러 가지 단위로 길이 재기**

**01** ❶막대 ㉮의 길이는 막대 ㉯의 길이로 2번입니다. 책상의 길이를 각각 재어 나타낸 표입니다. / ❸길이가 더 긴 책상은 누구의 책상입니까?

| ❷ 지연이의 책상 | 혜나의 책상 |
|---|---|
| ㉮로 3번 | ㉯로 5번 |

(                    )

❶ 막대 ㉮의 길이는 막대 ㉯의 길이로 몇 번인지 알아봅니다.
❷ 지연이의 책상의 길이는 ㉯로 몇 번인지 알아봅니다.
❸ 막대 ㉯로 더 많이 잰 책상을 찾습니다.

**1 cm 알아보기**

**02** 유하의 한 뼘의 길이는 8 cm이고, 종환이의 한 뼘의 길이는 10 cm입니다. ❶유하가 화분의 높이를 재었더니 5뼘이었습니다. / ❷종환이의 뼘으로 화분의 높이를 재면 몇 뼘입니까?

(                    )

❶ 8 cm로 5번이면 몇 cm인지 구합니다.
❷ 화분의 높이는 10 cm로 몇 번인지 알아봅니다.

**자로 길이 재기**

**03** 빨간색 테이프와 파란색 테이프 중에서 ❸어느 색 테이프의 길이가 몇 cm 더 깁니까?

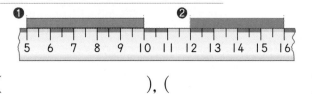

(                    ), (                    )

❶ 빨간색 테이프의 길이를 구합니다.
❷ 파란색 테이프의 길이를 구합니다.
❸ 빨간색 테이프와 파란색 테이프의 길이를 비교합니다.

**길이 비교하기**

**04** 세 사람이 여러 가지 단위로 탑의 높이를 재었습니다. / ❷가장 높은 탑을 만든 사람은 누구입니까?

> 현주: 내 탑의 높이는 ❶10 cm야.
> 기홍: 내가 만든 탑의 높이는 풀로 10번이야.
> 명주: 내 탑의 높이는 클립으로 10번이야.

(　　　　　　　　　　　)

❶ 10 cm는 1 cm가 10번입니다.
❷ 세 사람이 길이를 잰 횟수가 같으므로 단위의 길이를 비교합니다.

**길이 어림하기**

**05** 철사를 사용하여 다음 모양을 만들었습니다. 다음 모양을 만드는 데 ❶사용한 철사의 전체 길이를 어림하고 / ❷직접 자로 재어 몇 cm인지 구하시오.

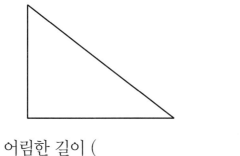

어림한 길이 (　　　　　　　　)
자로 잰 길이 (　　　　　　　　)

❶ 길이를 대강 짐작으로 생각합니다.
❷ 사용한 철사의 전체 길이는 세 변의 길이의 합으로 구합니다.

**남은 길이 구하기**

**06** 길이가 20 cm인 양초가 있습니다. 이 양초를 ❶하루에 3 cm씩 5일 동안 태웠습니다. / ❷남은 양초의 길이는 몇 cm입니까?

(　　　　　　　　　　　)

❶ 5일 동안 탄 양초의 길이를 구합니다.
❷ 전체 길이에서 5일 동안 탄 양초의 길이를 뺍니다.

여러 가지 단위로 길이 재기

**07** 막대 ⓒ의 길이는 막대 ⓐ의 길이로 3번입니다. 물건의 길이를 각각 재어 나타낸 표입니다. 길이가 더 긴 물건은 무엇입니까?

| 텔레비전 | 책꽂이 |
|---|---|
| ⓐ로 8번 | ⓒ로 3번 |

(                    )

**08** 민지의 끈의 길이는 이쑤시개로 4번이고, 현우의 끈의 길이는 이쑤시개로 12번입니다. 현우의 끈의 길이는 민지의 끈의 길이로 몇 번입니까?

(                    )

1 cm 알아보기

**09** 연필의 길이는 8 cm이고, 머리핀의 길이는 6 cm입니다. 책상의 길이를 재었더니 연필로 3번이었습니다. 머리핀으로 책상의 길이를 재면 몇 번입니까?

(                    )

**10** 지우개의 길이는 7 cm이고, 크레파스의 길이는 9 cm입니다. 더 긴 줄을 가지고 있는 사람은 누구인지 쓰시오.

> 혜지: 지우개로 3번
> 수아: 크레파스로 2번

(                    )

**11** 초의 길이가 더 짧은 것은 어느 것입니까?

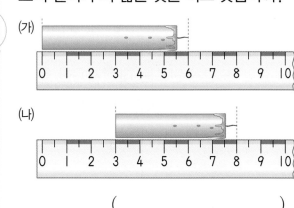

(                    )

자로 길이 재기

**12** ⓐ, ⓒ, ⓔ 중 가장 긴 선의 길이와 가장 짧은 선의 길이의 합은 몇 cm입니까?

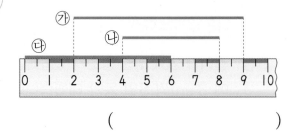

(                    )

**4**
길이 재기

**길이 비교하기**

**13** 민지가 여러 가지 단위로 ㉠, ㉡, ㉢의 길이를 재었습니다. 길이가 가장 긴 것을 찾아 기호를 쓰시오.

> ㉠: 풀로 **5**번
> ㉡: **5 cm**
> ㉢: 우산으로 **5**번

( )

**14** 철사를 사용하여 모양 ㉮와 ㉯를 만들었습니다. ㉮와 ㉯를 만드는 데 사용한 철사의 길이는 약 몇 cm인지 어림해 보고 직접 자로 재어 사용한 철사의 길이를 구하시오.

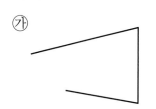  

어림한 길이 ( )
자로 잰 길이 ( )

**길이 어림하기**

**15** 다음 모양을 만드는 데 사용한 철사의 전체 길이를 다음과 같이 어림했습니다. 가장 가깝게 어림한 사람은 누구입니까?

> 정은: 약 **8 cm**    신의: 약 **9 cm**
> 기동: 약 **4 cm**

( )

**남은 길이 구하기**

**16** 길이가 **24 cm**인 양초가 있습니다. 이 양초를 하루에 **6 cm**씩 **3**일 동안 태웠습니다. 남은 양초의 길이는 몇 cm입니까?

( )

**17** 색 테이프 ㉮의 길이가 **8 cm**라면 색 테이프 ㉯의 길이는 몇 cm입니까? (단, 나무 막대의 길이는 각각 같습니다.)

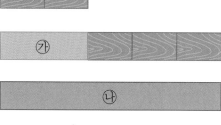

( )

사고력 유형

**1** 민기와 은주가 각각 가지고 있는 색 테이프로 막대의 길이를 재었습니다. 민기와 은주가 잰 막대의 길이의 합은 몇 cm인지 구하시오.

동영상

난 이 색 테이프로 3번 재어서 막대의 길이가 나왔어.

내가 잰 막대의 길이는 이 색 테이프로 3번 잰 길이야.

2 cm 민기

은주 6 cm

(                    )

**2** [개미 명령어 안내]를 보고 문제 에 알맞은 선을 그으시오.

동영상

한 칸의 길이는 1 cm이므로 두 칸의 길이는 2 cm입니다.

**[개미 명령어 안내]**
- 위쪽으로 2: 위쪽으로(↑) 2 cm 선을 긋습니다.
- 오른쪽으로 4: 오른쪽으로(→) 4 cm 선을 긋습니다.
- 아래쪽으로 1: 아래쪽으로(↓) 1 cm 선을 긋습니다.
- 왼쪽으로 3: 왼쪽으로(←) 3 cm 선을 긋습니다.

**문제**
① 아래쪽으로 5
② 오른쪽으로 3
③ 위쪽으로 4
④ 오른쪽으로 1
⑤ 아래쪽으로 3
⑥ 왼쪽으로 2

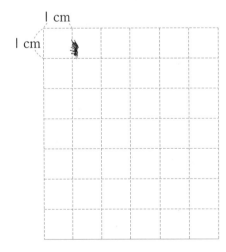

문제 해결

**3**

길이가 2 cm, 4 cm, 7 cm인 막대가 한 개씩 있습니다. 이 막대를 한 번씩 이용하여 길이를 재려고 합니다. 물음에 답하시오. (막대를 이을 때는 겹치지 않습니다.)

2 cm

4 cm

7 cm

❶ 막대 2개를 이용하여 잴 수 있는 길이는 몇 cm입니까?

(                    )

❷ 막대 3개를 이용하여 잴 수 있는 길이는 몇 cm입니까?

(                    )

❸ 막대를 이용하여 잴 수 있는 길이는 모두 몇 가지입니까?

(                    )

막대 1개, 2개, 3개를 이용하여 잴 수 있는 길이를 각각 알아보세요.

**1**

| HME 18번 문제 수준 |

파란색 리본과 빨간색 리본으로 각각 세 변의 길이가 같은 삼각형을 만들었습니다. 파란색 리본으로 만든 삼각형의 한 변의 길이는 빨간색 끈으로 만든 삼각형의 한 변의 길이보다 2 cm씩 길었습니다. 빨간색 끈으로 만든 삼각형의 세 변의 길이의 합은 몇 cm인지 구하시오.

2⎪cm

(                    )

◇ 먼저 빨간색 리본으로 만든 삼각형의 한 변의 길이를 구합니다.

**2**

| HME 19번 문제 수준 |

길이가 6 cm인 지우개가 있습니다. 우산의 길이는 지우개로 4번 잰 것과 같다면 이 우산의 길이는 8 cm인 색 테이프로 몇 번 잰 것과 같은지 구하시오.

지우개

(                    )

● 정답 및 풀이 **39**쪽

**3**  동영상

| HME 20번 문제 수준 |

그림에서 가장 작은 사각형의 네 변의 길이는 모두 같고, 한 변의 길이는 3cm입니다. 작은 사각형의 변을 따라 갈 때 ㉠에서 ㉡까지 가는 가장 가까운 길은 몇 cm인지 구하시오.

◇ ㉠에서 ㉡까지 가는 가장 가까운 길은

오른쪽으로 4칸, 아래쪽으로 3칸 가는 길입니다.

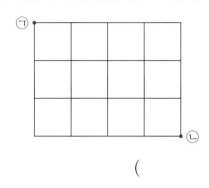

(                    )

**4**  동영상

| HME 21번 문제 수준 |

붓, 연필, 크레파스가 있습니다. ㉠은 ㉡보다 10 cm 더 길다고 합니다. 붓, 연필, 크레파스의 길이의 합이 46 cm일 때 연필의 길이는 몇 cm인지 구하시오.

◇ ㉠+㉡=☐ cm라 하면

7+☐=27 (cm)입니다.

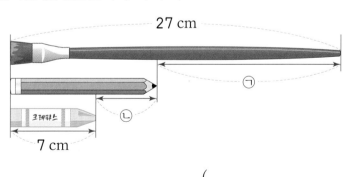

(                    )

4

길
이
재
기

# 5

# 분류하기

**체크**

**1-1** 다리의 수가 같은 동물끼리 분류하려고 합니다. 빈 곳에 알맞은 번호를 써넣으시오.

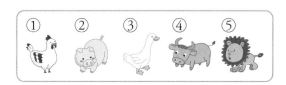

| 다리의 수 | 2개 | 4개 |
|---|---|---|
| 동물의 번호 | ①, | ②, ④, |

**1-2** 구멍의 수가 같은 단추끼리 분류하려고 합니다. 빈 곳에 알맞은 번호를 써넣으시오.

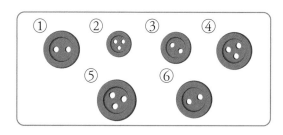

| 구멍의 수 | 2개 | 3개 |
|---|---|---|
| 단추의 번호 | ①, ③, | ②, ④, |

**체크**

**2-1** 도형을 색깔에 따라 분류하여 세어 보시오.

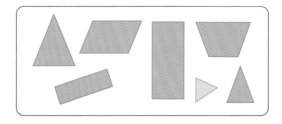

| 색깔 | 노란색 | 초록색 |
|---|---|---|
| 세면서 표시하기 | | |
| 도형의 수(개) | | |

**2-2** 돈을 종류에 따라 분류하여 세어 보시오.

| 종류 | 동전 | 지폐 |
|---|---|---|
| 세면서 표시하기 | | |
| 돈의 수(개) | | |

# 2 단계 기본 유형

**핵심 내용** 누가 분류하더라도 같은 결과가 나오는 분명한 기준을 정함

**유형 01** 분류 기준으로 알맞은 것 찾기

**01** 책을 분류할 때 기준으로 알맞은 것을 찾아 ○표 하시오.

재미있는 책과 재미없는 책 (　　　　)
위인전과 위인전이 아닌 책 (　　　　)

**02** 다음 물건을 분류할 때 기준으로 알맞은 것을 모두 찾아 기호를 쓰시오.

┌─────────────────────────────┐
│ ㉠ 색깔　　㉡ 크기　　㉢ 모양 │
└─────────────────────────────┘

(　　　　　　)

**03** 동물을 분류할 수 있는 기준을 1가지 쓰시오.

(　　　　　　)

**핵심 내용** 같이 분류된 것끼리 공통점을 찾음

**유형 02** 분류한 기준 알아보기

**04** 바지를 다음과 같이 분류하였습니다. 바지를 분류한 기준으로 알맞은 것에 ○표 하시오.

( 색깔 ,　길이 )

**05** 수민이가 옷을 다음과 같이 분류하여 정리하였습니다. 옷을 분류한 기준은 무엇인지 쓰시오.

(　　　　　　)

**06** 지연이네 반 학생들이 미술 시간에 만든 작품을 분류한 것입니다. 작품을 분류한 기준은 모양, 색깔 중 무엇입니까?

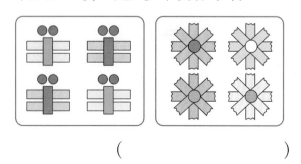

(　　　　　　)

핵심 내용 ▸ 분류할 때는 기준만 생각하고
다른 특징은 생각하지 않습니다.

유형 03 기준에 따라 분류하기

**07** 같은 색깔끼리 분류하여 선으로 이으시오.

초록색      보라색

**08** 지윤이는 서랍을 정리하려고 합니다. 다음 옷은 몇째 칸에 분류해야 하는지 쓰시오.

| 첫째 칸 | 둘째 칸 |
| --- | --- |
| 여름 옷 | 겨울 옷 |

(          ) 칸

**09** 승우는 탈것을 움직이는 장소에 따라 분류하였습니다. 잘못 분류된 것을 찾아 ○표 하시오.

**10** 도형을 모양에 따라 분류하여 기호를 쓰시오.

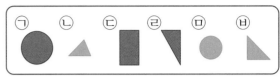

| 삼각형 | 사각형 | 원 |
| --- | --- | --- |
| | | |

[11~12] 단추를 기준에 따라 분류하여 기호를 쓰시오.

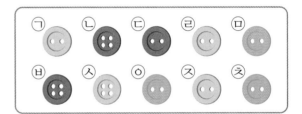

**11**

| 분류 기준 | 색깔 |
| --- | --- |

| 노란색 | 빨간색 | 초록색 |
| --- | --- | --- |
| | | |

**12**

| 분류 기준 | 구멍 수 |
| --- | --- |

| 2개 | 4개 |
| --- | --- |
| | |

**2 단계** **기본유형**

### 유형 04 기준을 정하여 분류하기

[13~14] 도형을 분류하려고 합니다. 물음에 답하시오.

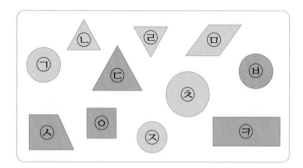

**13** 색깔에 따라 분류하여 기호를 쓰시오.

| 분류 기준 | 색깔 |
|---|---|
| 노란색 | 초록색 |
| | |

**14** 13의 기준과 다른 분류 기준을 정하여 도형을 분류하고 칸을 나누어 쓰시오.

| 분류 기준 | |
|---|---|

### 유형 05 분류하여 세어 보기

**15** 승주네 냉장고에 있는 과일입니다. 종류에 따라 분류하고 수를 세어 보시오.

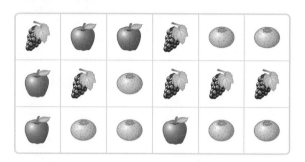

| 분류 기준 | | |
|---|---|---|

| 종류 | 포도 | 사과 | 귤 |
|---|---|---|---|
| 세면서 표시하기 | ///// ///// | ///// ///// | ///// ///// |
| 수(개) | | | |

**16** 공을 분류하여 그 수를 세어 보시오.

| 종류 | | | |
|---|---|---|---|
| 세면서 표시하기 | ///// ///// ///// | ///// ///// ///// | ///// ///// ///// |
| 수(개) | | | |

**17** 모양에 따라 물건을 분류하고 수를 세어 보시오.

| 분류 기준 | 모양 |
|---|---|

| 종류 | ☐ 모양 | ● 모양 |
|---|---|---|
| 수(개) | | |

**18** 진아가 단추를 분류하여 정리하려고 합니다. 정해진 기준에 따라 분류하고 수를 세어 보시오.

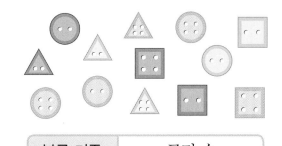

| 분류 기준 | 구멍 수 |
|---|---|

| 구멍 수 | 2개 | 4개 |
|---|---|---|
| 단추 수(개) | | |

| 분류 기준 | 색깔 |
|---|---|

| 색깔 | 빨간색 | 노란색 | 초록색 |
|---|---|---|---|
| 단추 수(개) | | | |

→ **핵심 내용** 분류한 결과의 많고 적음을 파악하여 문제를 해결함

유형 **06** **분류한 결과를 말하기**

**19** 성우네 반에서 필요한 화분 색깔을 조사 하였습니다. 가장 많이 필요한 화분 색깔 은 무엇인지 쓰시오.

필요한 화분 색깔

| 색깔 | 빨간색 | 노란색 | 파란색 | 초록색 |
|---|---|---|---|---|
| 화분의 수(개) | 7 | 6 | 4 | 3 |

( )

**[20~21]** 학생들이 좋아하는 과일을 조사하였습니다. 물음에 답하시오.

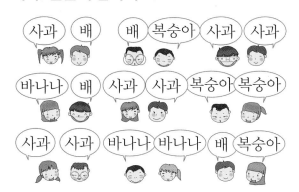

**20** 과일을 종류에 따라 분류하고 그 수를 세어 보시오.

| 종류 | 사과 | 배 | 복숭아 | 바나나 |
|---|---|---|---|---|
| 학생 수(명) | | | | |

**21** 학교 앞 과일 가게에서 어떤 과일을 가장 많이 준비하면 좋을지 써 보시오.

( )

5

분류하기

## 잘 틀리는 유형 07 잘못 분류한 것 찾기

**22** 장을 봐 온 것을 냉장고 안에 다음과 같이 분류하였습니다. 잘못 분류된 칸을 찾으시오.

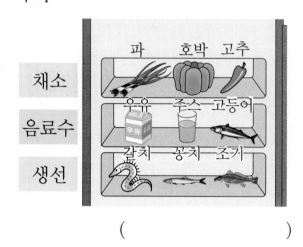

( )

**23** 물건을 다음과 같이 분류하였습니다. 잘못 분류된 것을 찾아 ○표 하시오.

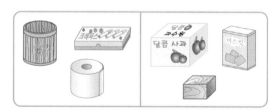

**24** 수 카드를 다음과 같이 분류하였습니다. 잘못 분류된 것을 찾아 ○표 하시오.

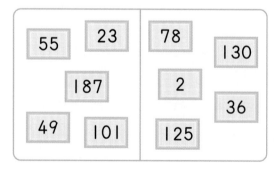

**KEY** 같은 칸에 분류된 수끼리 공통점을 찾아봅니다.

## 잘 틀리는 유형 08 분류하여 그 수의 크기 비교하기

**25** 다음 동물 젤리를 색깔별로 분류했을 때 어떤 색깔의 젤리가 가장 많은지 쓰시오.

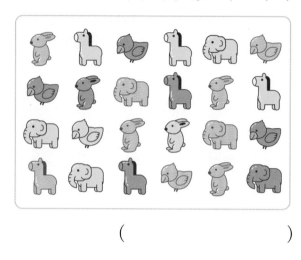

( )

**26** 승규네 모둠 학생들이 좋아하는 아이스크림을 조사한 것입니다. 막대 아이스크림과 콘 아이스크림 중에서 더 많은 학생들이 좋아하는 아이스크림 종류는 무엇인지 쓰시오.

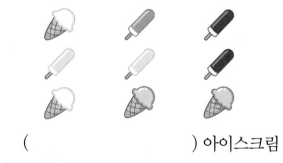

( ) 아이스크림

**KEY** 아이스크림의 맛에 상관없이 아이스크림 종류에 따라 분류하여 셉니다.

## 서술형 유형

### 1-1

우산을 2개의 통에 정리하려고 합니다. 우산을 분류하여 정리하는 기준 2가지를 쓰시오.

기준1 무늬가 있는 것과 [ ]가 없는 것

기준2 손잡이가 고리 모양인 것과 [ ] 모양이 아닌 것

### 1-2

컵을 3개의 상자에 정리하려고 합니다. 컵을 분류하여 정리하는 기준 2가지를 쓰시오.

기준1

기준2

### 2-1

학생들이 소풍 가고 싶은 유적지를 조사하였습니다. 소풍은 어디로 가는 것이 좋을지 까닭을 쓰고 답을 구하시오.

| 경복궁 | 첨성대 | 경복궁 | 첨성대 | 첨성대 |
| --- | --- | --- | --- | --- |
| 첨성대 | 경복궁 | 첨성대 | 첨성대 | 첨성대 |
| 첨성대 | 첨성대 | 경복궁 | 첨성대 | 경복궁 |

까닭 경복궁에 가고 싶은 학생은 5명, 첨성대에 가고 싶은 학생은 [ ]명입니다. 더 많은 학생들이 소풍 가고 싶은 유적지는 [ ]입니다.

답 [ ]

### 2-2

연우가 방학 동안 읽은 책의 종류를 조사하였습니다. 연우가 읽은 책 수가 종류별로 비슷하려면 어떤 종류의 책을 더 읽으면 좋을지 까닭을 쓰고 답을 구하시오.

| 만화책 | 위인전 | 위인전 | 과학책 | 동화책 |
| --- | --- | --- | --- | --- |
| 동화책 | 만화책 | 동화책 | 동화책 | 동화책 |
| 만화책 | 위인전 | 과학책 | 위인전 | 만화책 |

까닭

답

**3** 단계 유형 단원 평가

**01** 학용품을 분류하는 기준으로 알맞은 것을 찾아 ○표 하시오.

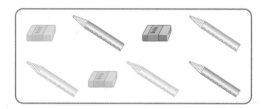

진한 색과 연한 색 (        )

색연필과 지우개 (        )

**02** 과자를 분류하는 기준으로 알맞은 것을 찾아 ○표 하시오.

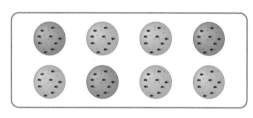

( 모양 , 색깔 )

**03** 동현이가 신발을 다음과 같이 분류하였습니다. 신발을 분류한 기준으로 알맞은 것을 찾아 기호를 쓰시오.

㉠ 크기   ㉡ 무늬   ㉢ 색깔   ㉣ 종류

(          )

[04~05] **옷을 분류하여 정리하려고 합니다. 물음에 답하시오.**

**04** 옷을 다음과 같이 분류했습니다. 보기 에서 옷을 분류한 기준으로 알맞은 것을 찾아 쓰시오.

보기

• 긴 옷과 짧은 옷
• 예쁜 옷과 예쁘지 않은 옷
• 어두운 색 옷과 밝은 색 옷

(              )

**05** 윗옷과 아래옷으로 분류하시오.

| 분류 기준 | 종류 |
|---|---|
| 윗옷 | 아래옷 |
| | |

정답 및 풀이 **42**쪽

**06** 진우가 우산을 기준에 따라 분류한 것입니다. 잘못 분류한 것을 찾아 ×표 하시오.

| 분류 기준 | 색깔 |
| --- | --- |

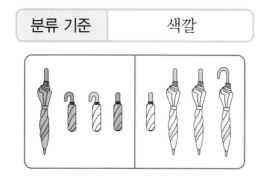

**[07~08]** 사탕을 분류하려고 합니다. 물음에 답하시오.

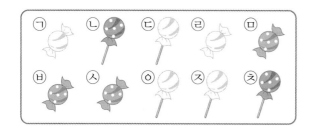

**07** 사탕을 색깔에 따라 분류하여 기호를 쓰시오.

| 분류 기준 | 색깔 |
| --- | --- |

| 노란색 | 빨간색 |
| --- | --- |
|  |  |

**08** 사탕을 종류에 따라 분류하여 기호를 쓰시오.

| 분류 기준 | 종류 |
| --- | --- |

| 알사탕 | 막대 사탕 |
| --- | --- |
|  |  |

**[09~11]** 단추를 분류하려고 합니다. 물음에 답하시오.

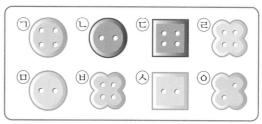

**09** 단추를 분류할 수 있는 기준이 될 수 있는 것을 모두 찾아 기호를 쓰시오.

| ㉠ 모양 | ㉡ 구멍 수 |
| --- | --- |
| ㉢ 색깔 | ㉣ 무늬 |

( )

**10** 단추를 모양에 따라 분류하시오.

| 분류 기준 | 모양 |
| --- | --- |

| ◯ 모양 | ▢ 모양 | ✿ 모양 |
| --- | --- | --- |
|  |  |  |

**11** 10의 기준과 다른 분류 기준을 정하여 단추를 분류하고 칸을 나누어 쓰시오.

| 분류 기준 | |
| --- | --- |

5

분류하기

**12** 모양에 따라 표지판을 분류하고 수를 세어 보시오.

| 분류 기준 | 모양 |
|---|---|

| 삼각형 | 사각형 | 원 |
|---|---|---|
| | | |

**[13~14] 지훈이네 반 친구들이 좋아하는 꽃을 조사하였습니다. 물음에 답하시오.**

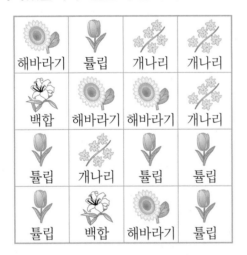

**13** 친구들이 좋아하는 꽃의 종류에 따라 분류하고 수를 세어 보시오.

| 분류 기준 | 종류 |
|---|---|

| 해바라기 | | | |
|---|---|---|---|
| 4 | | | |

**14** 가장 많은 학생들이 좋아하는 꽃은 무엇입니까?

(             )

**15** 지수가 여러 가지 물건을 모양에 따라 분류한 것입니다. 잘못 분류된 물건을 찾아 쓰시오.

(             )

**16** 지연이가 가지고 있는 머리핀입니다. 지연이가 가장 많이 가지고 있는 머리핀의 모양은 무엇입니까?

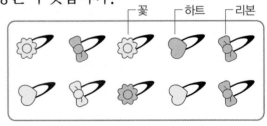

( 꽃 , 리본 , 하트 ) 모양

**17** 수 카드를 다음과 같이 분류하였습니다.
<u>잘못</u> 분류된 것을 찾아 ×표 하시오.

| 21 | 32 | 15 |
|----|----|----|
| 41 | 62 | 72 |
| 71 | 82 | 75 |

**18** 지민이네 반 학생들이 좋아하는 운동을 말했습니다. 남학생이 가장 좋아하는 운동은 무엇인지 쓰시오.

| 야구 | 배구 | 축구 | 수영 | 달리기 |
|------|------|------|------|--------|
| 야구 | 축구 | 줄넘기 | 축구 | 수영 |
| 배구 | 축구 | 수영 | 달리기 | 줄넘기 |

(          )

**서술형**

**19** 납작못을 3개의 통에 정리하려고 합니다.
납작못을 분류하여 정리하는 방법 2가지를 쓰시오.

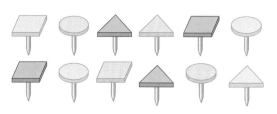

[방법 1]

_____

_____

[방법 2]

_____

**서술형**

**20** 성진이네 반 학생들이 소풍을 갈 때 타고 싶은 이동 수단을 조사하였습니다. 성진이네 반 학생들이 소풍을 갈 때 어떤 이동 수단을 이용하는 것이 좋을지 까닭을 쓰고 답을 구하시오.

| 기차 | 버스 | 기차 | 버스 | 비행기 |
|------|------|------|------|--------|
| 버스 | 기차 | 비행기 | 버스 | 비행기 |
| 버스 | 기차 | 버스 | 기차 | 버스 |

[까닭]

_____

_____

_____

_____

[답] _____

QR 코드를 찍어 [단원평가]를 풀어 보세요.

5 분류하기

유형 01 몇 가지로 분류할 수 있는지 알아보기

• 학생들이 좋아하는 간식

① 학생들이 좋아하는 간식을 알아봅니다.
→ 피자, 아이스크림, 햄버거입니다.
② 몇 가지로 분류할 수 있는지 세어 씁니다.
→ 학생들이 좋아하는 간식은 ☐ 가지로 분류할 수 있습니다.

01 유리네 반 학생들이 좋아하는 동물을 조사 하였습니다. 다리 수에 따라 분류하려고 할 때 몇 가지로 분류할 수 있는지 쓰시오.

| 돼지 | 코끼리 | 오리 | 코끼리 | 오리 |
| --- | --- | --- | --- | --- |
| 돌고래 | 돌고래 | 코끼리 | 뱀 | 오리 |
| 돌고래 | 뱀 | 오리 | 오리 | 돌고래 |

( )

유형 02 분류한 결과 말하기

• 긴팔 옷과 짧은 팔 옷의 수 비교하기

① 옷 소매의 길이에 따라 분류하고 수를 세어 봅니다.
→ 긴팔 옷: 6개, 짧은 팔 옷: 4개
② 분류 결과를 정리합니다.
→ 긴팔 옷은 짧은 팔 옷보다
$6 - ☐ = ☐$ (개) 더 많습니다.

[02~03] 연지가 가지고 있는 붙임딱지입니다. 물음에 답하시오.

02 ○ 모양은 ♡ 모양보다 몇 장 더 많은지 구 하시오.

( )

03 초록색은 분홍색보다 몇 장 더 많습니까?

( )

**유형 03** 분류하여 알맞은 수 넣기

• 학생 30명을 분류하기

| 학생 | 안경을 쓴 학생 | 안경을 쓰지 않은 학생 |
|---|---|---|
| 학생 수(명) | 12 | ? |

① 어떻게 분류하였는지 알아봅니다.

→ 학생 ☐ 명을 안경을 쓴 학생과 안경을 쓰지 않은 학생으로 분류하였습니다.

② 전체 수에서 알고 있는 것을 빼어 모르는 수를 구합니다.

→ 안경을 쓰지 않은 학생은

30 − ☐ = ☐ (명)입니다.

**04** 찬장에 있는 컵 20개를 색깔에 따라 분류하였습니다. 노란색 컵은 몇 개인지 구하시오.

| 색깔 | 빨간색 | 파란색 | 노란색 |
|---|---|---|---|
| 컵 수(개) | 5 | 8 | ? |

( )

**05** 학급 문고에 있는 책 34권을 종류에 따라 분류하였습니다. 시집은 몇 권인지 구하시오.

| 종류 | 동화책 | 과학책 | 위인전 | 시집 |
|---|---|---|---|---|
| 수(권) | 13 | 6 | 9 | ? |

( )

**유형 04** 새 교과서에 나온 활동 유형

[06~07] 몬스터 장난감입니다. 물음에 답하시오.

**06** 민호가 장난감을 다음과 같이 분류하였습니다. 어떤 기준으로 분류한 것인지 쓰시오.

( )

**07** 06에서 민호가 분류한 기준에 따라 다음 장난감을 분류하려고 합니다. ㉠과 같은 칸에 분류되는 것을 찾아 기호를 쓰시오.

( )

5 분류하기

## 유형 01 분류 기준을 찾기

**01** 다음 붙임 딱지를 분류할 수 있는 기준으로 알맞은 것을 찾아 ○표 하시오.

빨간색과 노란색　　　　　（　　　）
예쁜 것과 예쁘지 않은 것　（　　　）

**02** 옷을 분류할 수 있는 기준을 1가지 쓰시오.

（　　　　　　　　　　　　　）

**03** 민수가 단추를 3개의 통에 분류하려고 합니다. 분류 기준으로 알맞은 것을 모두 찾아 기호를 쓰시오.

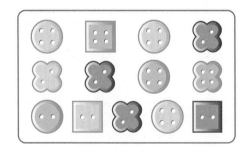

ㄱ 색깔　　　ㄴ 구멍 수　　　ㄷ 모양

（　　　　　　　　　　　　　）

## 유형 02 기준에 따라 분류하기

**04** 현민이는 도형을 모양에 따라 분류하였습니다. 잘못 분류된 것을 찾아 ○표 하시오.

**05** 칠교판 조각을 모양에 따라 분류하고 칸을 나누어 번호를 쓰시오.

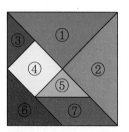

| 분류 기준 | 모양 |
|---|---|

**06** 기준을 정하여 과자를 분류하고 칸을 나누어 기호를 쓰시오.

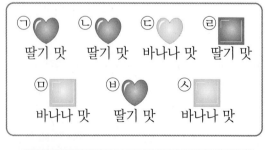

ㄱ 딸기 맛　ㄴ 딸기 맛　ㄷ 바나나 맛　ㄹ 딸기 맛
ㅁ 바나나 맛　ㅂ 딸기 맛　ㅅ 바나나 맛

| 분류 기준 | |
|---|---|

QR 코드를 찍어 **동영상 특강**을 보세요.

유형 **03** 분류하여 세어 보기

**07** 수아네 모둠 학생들이 좋아하는 꽃을 조사하여 분류한 것입니다. 빈칸에 알맞은 꽃의 이름을 써넣으시오.

| 수국 | 튤립 | 수국 | 백합 | 장미 |
|------|------|------|------|------|
| 장미 | 수국 |      |      | 튤립 | 장미 |

| 꽃 | 수국 | 튤립 | 백합 | 장미 |
|------|------|------|------|------|
| 학생 수(명) | 3 | 2 | 1 | 4 |

**08** 수현이는 각 모양별로 같은 수의 초콜릿을 가지고 있었습니다. 먹고 남은 초콜릿이 다음과 같다면 가장 적게 먹은 초콜릿은 어떤 모양인지 ○표 하시오.

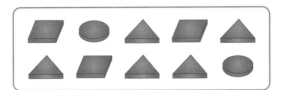

( 사각형 , 원 , 삼각형 )

유형 **04** 분류한 결과 말하기

**09** 정웅이네 반 학생들이 좋아하는 계절을 조사하였습니다. 가장 적은 학생들이 좋아하는 계절은 무엇인지 쓰시오.

| 계절 | 봄 | 여름 | 가을 | 겨울 |
|------|------|------|------|------|
| 학생 수(명) | 3 | 5 | 2 | 4 |

(                    )

**10** 우산 가게에서 한 달 동안 팔린 우산의 색깔을 조사하였습니다. 우산 가게에서 우산을 많이 팔기 위해서는 어떤 색깔의 우산을 가장 많이 준비해야 하는지 쓰시오.

| 색깔 | 노란색 | 파란색 | 초록색 | 검정색 |
|------|------|------|------|------|
| 수(개) | 12 | 6 | 1 | 7 |

(                    )

**11** 범준이네 반 학생들이 좋아하는 음식을 조사하였습니다. 운동회 간식으로 무엇을 먹으면 좋을지 쓰시오.

| 햄버거 | 떡볶이 | 떡볶이 | 피자 | 떡볶이 |
|------|------|------|------|------|
| 떡볶이 | 햄버거 | 떡볶이 | 피자 | 떡볶이 |
| 햄버거 | 떡볶이 | 햄버거 | 떡볶이 | 떡볶이 |

(                    )

5
분류하기

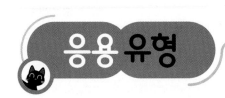

### 기준에 따라 분류하기

**01** **❶**모양에 따라 분류하고 / **❷**각 모양별로 가장 큰 수를 쓰시오.

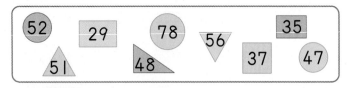

| 모양 | 삼각형 | 사각형 | 원 |
|---|---|---|---|
| 가장 큰 수 | | | |

❶ 모양에 따라 분류하여 모양에 쓰인 수를 알아봅니다.
❷ 모양에 쓰인 수 중에서 가장 큰 수를 씁니다.

### 2가지 기준으로 분류하기

**02** 도형을 **❶**색깔과 / **❷**모양에 따라 분류하려고 합니다. 빨간색 삼각형은 몇 개입니까?

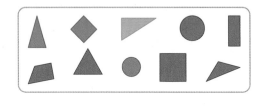

(                    )

❶ 도형을 색깔에 따라 분류합니다.
❷ ❶에서 분류한 도형을 모양에 따라 분류합니다.

### 분류하여 세어 보기

**03** 지우네 반 **❶**학생 31명이 좋아하는 계절을 분류하여 센 것입니다. / **❷**가을을 좋아하는 학생 수는 겨울을 좋아하는 학생 수와 같을 때 가을을 좋아하는 학생은 몇 명인지 쓰시오.

| 계절 | 봄 | 여름 | 가을 | 겨울 |
|---|---|---|---|---|
| 학생 수(명) | 8 | 9 | | |

(                    )

❶ 봄, 여름, 가을, 겨울을 좋아하는 학생 수를 모두 더하면 31입니다.
❷ 가을을 좋아하는 학생을 ☐명이라고 하면 겨울을 좋아하는 학생도 ☐명입니다.

**분류한 기준 알아보기**

**04** 단추를 다음과 같이 기준을 정하여 분류하였습니다. ㉠과 ㉡에 알맞은 기준을 보기 에서 찾아 쓰시오.

> **보기**
> 색깔, 모양, 구멍 수, 변이 있고 없음

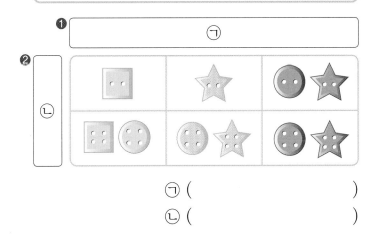

㉠ (                    )

㉡ (                    )

❶ 왼쪽 칸, 가운데 칸, 오른쪽 칸의 차이점을 알아보고 기준을 보기 에서 찾아 씁니다.

❷ 윗줄과 아랫줄의 차이점을 알아보고 기준을 보기 에서 찾아 씁니다.

**분류한 결과 말하기**

**05** 학급 문고에 있는 책을 종류별로 조사하였습니다. ❷책 수가 종류별로 비슷하려면 어떤 종류의 책을 더 사면 좋을지 쓰시오.

❶
| 종류 | 시집 | 소설책 | 만화책 | 동화책 |
|------|------|--------|--------|--------|
| 책 수(권) | 15 | 14 | 12 | 5 |

⇨ [          ]을 더 사야 합니다.

❶ 종류별 책 수를 비교합니다.
❷ 가장 적은 종류의 책을 알아봅니다.

기준에 따라 분류하기

**06** 모양에 따라 분류하고 각 모양별로 가장 큰 수를 써 보시오.

| 모양 | ⬭ 모양 | ⬜ 모양 | ⚫ 모양 |
|---|---|---|---|
| 가장 큰 수 | | | |

**07** 색깔에 따라 분류하고 각 색깔별로 가장 큰 수를 써 보시오.

| 색깔 | 빨간색 | 노란색 | 파란색 |
|---|---|---|---|
| 가장 큰 수 | | | |

2가지 기준으로 분류하기

**08** 사탕을 색깔과 무늬에 따라 분류하려고 합니다. 무늬가 있는 노란색 사탕은 몇 개입니까?

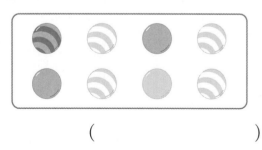

( )

**09** 우유를 맛과 모양에 따라 분류하려고 합니다. 빈 곳에 알맞은 번호를 써넣으시오.

| | 🍓 딸기 | 🍌 바나나 | 🍫 초콜릿 |
|---|---|---|---|
| 병 | | | |
| 갑 | | | |

분류하여 세어 보기

**10** 미도네 반 학생 36명이 좋아하는 꽃을 종류에 따라 분류하여 센 것입니다. 무궁화를 좋아하는 학생은 튤립을 좋아하는 학생보다 많고 백합을 좋아하는 학생보다 적을 때 빈칸에 알맞은 수를 써넣으시오.

| 종류 | 장미 | 튤립 | 무궁화 | 국화 | 백합 |
|---|---|---|---|---|---|
| 학생 수 (명) | | 5 | | 8 | 7 |

**5**

분류하기

## 11

지연이네 모둠 학생들이 좋아하는 과일을 조사한 후 종류에 따라 분류한 것입니다. 빈칸에 알맞은 과일을 써넣으시오.

| 귤 | 귤 | 사과 | 포도 |
|---|---|---|---|
| 귤 | 사과 | 포도 | |

| 종류 | 사과 | 귤 | 포도 |
|---|---|---|---|
| 학생 수(명) | 2 | 4 | 2 |

**분류한 기준 알아보기**

## 12

도로 표지판을 다음과 같이 기준을 정하여 분류하였습니다. ㉠과 ㉡에 알맞은 기준을 보기 에서 찾아 쓰시오.

보기
색깔, 크기, 모양, 그림이 있고 없음

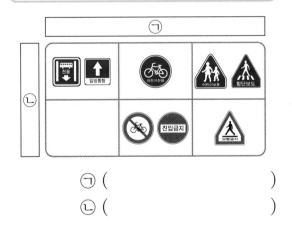

㉠ (                    )
㉡ (                    )

## 13

그림 카드를 다음과 같이 기준을 정하여 분류하였습니다. ㉠과 ㉡에 알맞은 기준을 보기 에서 찾아 쓰시오.

보기
색깔, 모양, 구멍의 수, 털이 있고 없음

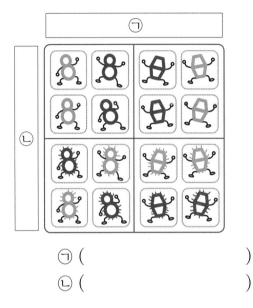

㉠ (                    )
㉡ (                    )

**분류한 결과 말하기**

## 14

편의점에서 일주일 동안 팔린 주스를 조사하였습니다. 편의점 주인이 주스를 많이 팔려면 어떤 맛 주스를 가장 많이 준비하면 좋을지 쓰시오.

| 종류 | 매실 맛 | 딸기 맛 | 사과 맛 | 포도 맛 |
|---|---|---|---|---|
| 수(병) | 7 | 6 | 3 | 12 |

⇨ [       ] 맛 주스

추론

1

그림을 그려서 '슈또'라고 이름을 붙였습니다. 물음에 답하시오.

동영상

나는 슈또가 아닙니다.　　나는 슈또입니다.　　나는 슈또입니다.　　나는 슈또가 아닙니다.

나는 슈또가 아닙니다.　　나는 슈또가 아닙니다.　　나는 슈또가 아닙니다.　　나는 슈또가 아닙니다.

**1** '슈또'의 특징으로 알맞은 것을 찾아 기호를 쓰시오.

> ㉠ 원이 있습니다.
> ㉡ 사각형이 있습니다.
> ㉢ 사각형을 빼면 굽은 선만 있습니다.
> ㉣ 사각형을 빼면 곧은 선만 있습니다.

(　　　　　　　　)

**2** '슈또'라고 부르기로 한 그림은 어떤 그림인지 설명하시오.

_____

_____

어떤 기준으로 슈또와 슈또가 아닌 것으로 분류된 것인지 먼저 알아봅니다.

**3** 다음 중 '슈또'를 찾아 ○표 하시오.

(　　　) (　　　) (　　　) (　　　)

창의·융합

동영상

**2** 민규가 어느 해 11월의 날씨를 조사하여 다음과 같이 나타냈습니다. 물음에 답하시오.

| 일 | 월 | 화 | 수 | 목 | 금 | 토 |
|---|---|---|---|---|---|---|
| | ☀ | ⛄ | ⛄ | ⛄ | ⛄ | ☀ |
| ☀ | ☀ | ☁ | ☁ | ☔ | ☔ | ⛄ |
| ☀ | ☀ | ☀ | ☀ | ⛄ | ☁ | ☁ |
| ⛄ | ☔ | ☁ | ☁ | ☁ | ☀ | ☁ |
| ☔ | ☀ | ☁ | | | | |

☀ 맑음    ⛄ 눈    ☁ 흐림    ☔ 비

❶ 날씨에 따라 분류하고 그 수를 세어 보시오.

| 날씨 | 맑음 | 눈 | 흐림 | 비 |
|---|---|---|---|---|
| 날수(일) | | | | |

> 날씨에 따라 각각 다른 표시를 하여 수를 세어 봅니다.

❷ ☐ 안에 알맞은 수를 써넣고 알맞은 말에 ○표 하시오.

맑은 날이 ☐ 일로 가장 ( 많습니다 , 적습니다 ).

비 온 날이 ☐ 일로 가장 ( 많습니다 , 적습니다 ).

❸ 민규는 눈이 오는 날과 비가 오는 날에는 버스를 탑니다. 민규가 11월에 버스를 탄 날은 모두 며칠입니까?

( )

**1**

| HME 17번 문제 수준 |

이수와 민규가 단추를 각자 정한 기준에 따라 분류하였습니다.
㉠+㉡은 얼마인지 구하시오.

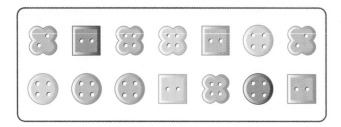

> 이수: 단추를 색깔에 따라 분류했더니 ㉠가지야.
> 민규: 단추를 모양에 따라 분류했더니 ㉡가지야.

(                              )

△ 어떤 색깔, 어떤 모양의 단추가 있는지 알
아봅니다.

**2** 

| HME 18번 문제 수준 |

꽃 가게에 남아 있는 꽃을 조사하였습니다. 가장 많은 꽃은
가장 적은 꽃보다 몇 송이 더 많습니까?

△ 두 수의 차는 큰 수에서 작은 수를 뺍니다.

| 장미 | 백합 | 국화 | 백합 | 장미 | 코스모스 |
| 장미 | 국화 | 장미 | 장미 | 백합 | 코스모스 |
| 코스모스 | 백합 | 장미 | 국화 | 국화 | 장미 |
| 국화 | 장미 | 코스모스 | 장미 | 백합 | 국화 |

(                              )

## 3

| HME 19번 문제 수준 |

지원이가 모은 딱지를 모양별로 분류한 다음 다시 색깔에 따라 분류하였습니다. 파란색 딱지는 노란색 딱지보다 7장 더 많을 때 파란색 딱지는 몇 장입니까?

모양별 딱지 수

| 모양 | 삼각형 | 사각형 | 원 |
|---|---|---|---|
| 딱지 수(장) | 16 | 13 | 21 |

색깔별 딱지 수

| 색깔 | 빨간색 | 노란색 | 파란색 |
|---|---|---|---|
| 딱지 수(장) | 17 | ? | ? |

( )

△ 먼저 딱지는 모두 몇 장인지 알아봅니다.

## 4

| HME 20번 문제 수준 |

보기 에 있는 세 자리 수를 다음 표와 같이 분류하려고 합니다. ㉠＋㉡－㉢은 얼마입니까?

보기
| 391 | 836 | 624 | 289 | 341 |
|---|---|---|---|---|
| 582 | 402 | 261 | 324 | 853 |

| | 백의 자리 수와 십의 자리 수의 차가 일의 자리 수보다 작은 수 | 백의 자리 수와 십의 자리 수의 차가 일의 자리 수와 같은 수 | 백의 자리 수와 십의 자리 수의 차가 일의 자리 수보다 큰 수 |
|---|---|---|---|
| 개수(개) | ㉠ | ㉡ | ㉢ |

( )

# 6 곱셈

# 학습 계획표

계획표대로 공부했으면 ○표, 못했으면 △표 하세요.

| 내용 | 쪽수 | 날짜 | | 확인 |
|---|---|---|---|---|
| ❶단계 핵심 개념＋기초 문제 | 142~143쪽 | 월 | 일 | |
| ❷단계 기본 유형 | 144~147쪽 | 월 | 일 | |
| ❷단계 잘 틀리는 유형＋서술형 유형 | 148~149쪽 | 월 | 일 | |
| ❸단계 유형(단원) 평가 | 150~153쪽 | 월 | 일 | |
| 잘 틀리는 실력 유형 | 154~155쪽 | 월 | 일 | |
| 다르지만 같은 유형 | 156~157쪽 | 월 | 일 | |
| 응용 유형 | 158~161쪽 | 월 | 일 | |
| 사고력 유형 | 162~163쪽 | 월 | 일 | |
| 최상위 유형 | 164~165쪽 | 월 | 일 | |

**1** 단계

• 6. 곱셈

# 핵심 개념

개념에 대한 **자세한 동영상 강의를** 시청하세요.

개념 동영상

---

개념 **1** **몇의 몇 배 알아보기**

- **2**씩 **5**묶음은 **2**의 **5**배입니다.
- **2**의 **5**배는 **10**입니다.

> **2**씩 **5**묶음 → **2**의 **5**배

**핵심** 몇씩 몇 묶음, 몇의 몇 배

① 3씩 4묶음 → 3의 4배

② 5씩 2묶음 → **❶**◻의 2배

③ 7씩 6묶음 → 7의 6◻**❷**

---

**[전에 배운 내용]**

- **10**개씩 묶어 세기

  10-20-30-40-50-60-70
  -80-90

- 받아올림이 있는 덧셈

  ① (한 자리 수)+(한 자리 수)

  7+7=14    9+4=13    3+8=11
  4 3          1 3          1 2
  → 4+10    → 10+3    → 1+10

  ② (두 자리 수)+(두 자리 수)

```
      9  7
  +   4  5
  ─────────
      1  2   ←── 7+5=12
   1  3  0   ←── 9+4=13
  ─────────
   1  4  2
```

---

개념 **2** **곱셈식 알아보기**

- **3+3+3+3+3+3**은 **3×6**과 같습니다.
- **3×6=18**
- **3×6=18**은 **3** 곱하기 **6**은 **18**과 같습니다라고 읽습니다.
- **3**과 **6**의 곱은 **18**입니다.

**핵심** 곱하기, 곱

7씩 5묶음, 7의 5배를 곱셈으로 나타내면

7× ◻**❸**입니다.

7×5는 7 ◻◻◻**❹**5라고 읽습니다.

---

**[이번 단원에 추가할 내용]**

① 파인애플을 **4**씩 묶으면 **4**씩 **3**묶음

→ **4**의 **3**배

덧셈식 **4+4+4=12**

곱셈식 **4×3=12**

② 파인애플을 **6**씩 묶으면 **6**씩 **2**묶음

→ **6**의 **2**배

덧셈식 **6+6=12**

곱셈식 **6×2=12**

**[앞으로 배울 내용]**

- 곱셈구구

---

정답 ❶ 5 ❷ 배 ❸ 5 ❹ 곱하기

**체크**

## 1-1 지우개를 묶어 세어 보시오.

(1) 2씩 묶어 세어 보시오.

(2) 3씩 묶어 세어 보시오.

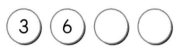

(3) 4씩 묶어 세어 보시오.

## 1-2 꽃을 4, 6, 8씩 묶어 세어 보시오.

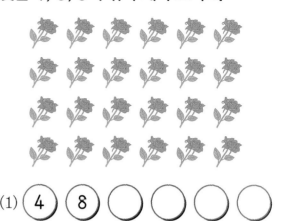

(1) 4 8 ◯ ◯ ◯ ◯

(2) 6 ◯ ◯ ◯

(3) 8 ◯ ◯

**체크**

## 2-1 우산의 수를 곱셈식으로 나타내시오.

(1) 3의 6배 ⇨ 3 × ☐ = ☐

(2) 6의 ☐배 ⇨ 6 × ☐ = ☐

(3) 9의 ☐배 ⇨ 9 × ☐ = ☐

## 2-2 빵의 수를 곱셈식으로 나타내시오.

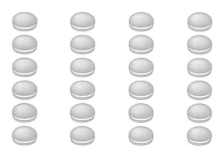

(1) 4의 6배 ⇨ 4 × ☐ = ☐

(2) 6의 ☐배 ⇨ 6 × ☐ = ☐

(3) 3의 ☐배 ⇨ 3 × ☐ = ☐

6

곱셈

### 6. 곱셈
# 2단계 기본유형

핵심 내용 → 뛰어 세거나 묶어 세어 수의 개수를 알아봅니다.

유형 **01** 여러 가지 방법으로 세어 보기

**[01~03]** 무당벌레의 수를 여러 가지 방법으로 세어 보시오.

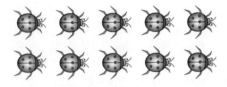

**01** 하나씩 세어 빈칸에 알맞은 수를 써넣으시오.

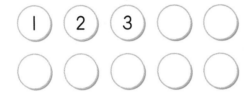

**02** 2씩 뛰어 세어 수직선에 나타내시오.

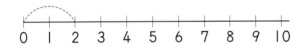

**03** 무당벌레를 묶어서 세려고 합니다. ☐ 안에 알맞은 수를 써넣으시오.

> 3마리씩 묶으면 3묶음이고 ☐개가
> 남으므로 모두 ☐마리입니다.

핵심 내용 → ☐씩 △묶음이면 ☐씩 △번 묶어 셉니다.

유형 **02** 묶어 세기

**04** 3씩 묶어 세어 보시오.

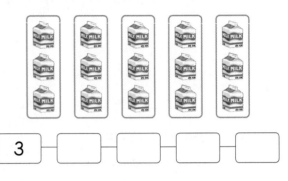

| 3 | ☐ | ☐ | ☐ | ☐ |
|---|---|---|---|---|

**05** 꽃은 모두 몇 송이인지 묶어 세어 보시오.

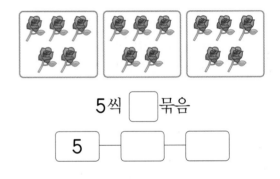

5씩 ☐묶음

| 5 | ☐ | ☐ |
|---|---|---|

**06** 사과는 모두 몇 개인지 묶어 세어 보시오.

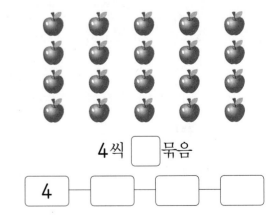

4씩 ☐묶음

| 4 | ☐ | ☐ | ☐ | ☐ |
|---|---|---|---|---|

**07** 태구와 지온이가 빵을 묶어 세었습니다. 바르게 묶어 센 사람은 누구입니까?

> 태구: 3씩 묶었더니 4묶음이었어.
> 지온: 4씩 묶었더니 4묶음이었어.

(                    )

**08** 화살이 14개 있습니다. 잘못 말한 사람의 이름을 쓰시오.

 세호   화살을 2개씩 묶으면 7묶음입니다.

 수아   화살의 수는 6씩 2묶음입니다.

 예준   화살의 수는 2, 4, 6, 8, 10, 12, 14로 세어 볼 수 있습니다.

(                    )

---

핵심 내용 ▶ □씩 △묶음 ⇨ □의 △배

유형 **03** **몇의 몇 배를 알아보기**

**09** □ 안에 알맞은 수를 써넣으시오.

4씩 ☐ 묶음은 4의 ☐ 배입니다.

**10** □ 안에 알맞은 수를 써넣으시오.

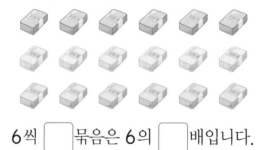

6씩 ☐묶음은 6의 ☐ 배입니다.

**11** 떡의 수는 5의 몇 배입니까?

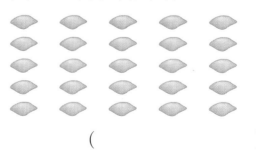

(                    )

핵심 내용 → 개수를 비교해 보면서
몇 배인지 알아봅니다.

유형 04 몇의 몇 배로 나타내기

교과서유형
**12** 무당벌레 수는 나뭇잎 수의 몇 배입니까?

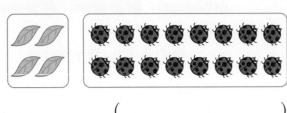

( )

**13** 배추의 수의 5배만큼 ○를 그려 보시오.

**14** 단추의 수를 몇의 몇 배로 나타내시오.

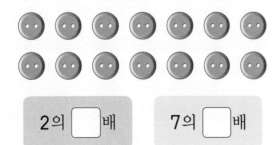

2의 ☐ 배          7의 ☐ 배

교과서유형
**15** ☐ 안에 알맞은 수를 써넣으시오.

㉠ 모양의 길이는 ㉡ 모양의 길이의
☐ 배입니다.

**16** 파란색 끈의 길이는 빨간색 끈의 길이의 몇 배입니까?

( )

**17** 8의 3배가 아닌 것을 찾아 기호를 쓰시오.

㉠ 24          ㉡ 8씩 3묶음          ㉢ 8+3

( )

→ 핵심 내용 ⬚의 △배 ⇨ ⬚×△

**유형 05** 곱셈을 알아보기

**18** □ 안에 알맞은 수를 써넣으시오.

(1) 5의 3배 ⇨ ☐ × ☐

(2) 8의 4배 ⇨ ☐ × ☐

**교과서유형**
**19** 달걀의 수를 덧셈식과 곱셈식으로 나타내시오.

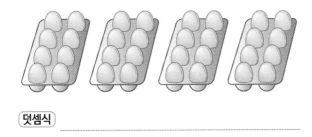

덧셈식 _____

곱셈식 _____

**20** 컵의 수를 바르게 나타낸 것을 찾아 기호를 쓰시오.

ㄱ 3×5    ㄴ 3×3
ㄷ 5×5    ㄹ 3+5

( )

**21** 당근의 수를 곱셈식으로 잘못 설명한 사람의 이름을 쓰시오.

3×7=21이야.

세호

3과 7의 곱은 21이야.

수아

3×7=21은 "3 곱하기 7은 21과 같습니다."라고 읽어.

예준

3+3+3+3+3 +3+3은 3×3과 같아.

은영

( )

**22** 구슬의 3배만큼을 이용하여 목걸이를 만들려고 합니다. 목걸이를 만드는 데 필요한 구슬은 모두 몇 개인지 알아보시오.

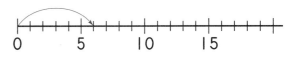

(1) 수직선에 화살표로 나타내어 보시오.

0    5    10    15

(2) 곱셈식으로 나타내어 보시오.

곱셈식 _____

(3) 구슬은 모두 몇 개 필요합니까?

( )

잘 틀리는 유형 **06** 상황을 곱셈식으로 나타내기

**23** 한 접시에 사과가 5개씩 놓여 있습니다. 3접시에 놓여 있는 사과는 모두 몇 개인 지 곱셈식을 완성하고 답을 구하시오.

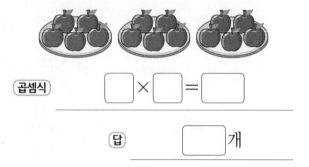

곱셈식 $\boxed{\phantom{0}} \times \boxed{\phantom{0}} = \boxed{\phantom{000}}$

답 $\boxed{\phantom{00}}$ 개

**24** 오른쪽 쌓기나무의 4배만큼 쌓기 나무를 쌓았습니다. 쌓은 쌓기나무 는 모두 몇 개인지 곱셈식으로 나타 내고 답을 구하시오.

곱셈식 _____

답 _____

**25** 사탕이 한 봉지에 9개씩 들어 있습니다. 5봉지에 들어 있는 사탕은 모두 몇 개인 지 곱셈식으로 나타내고 답을 구하시오.

곱셈식 _____

답 _____

KEY 몇 개씩 몇 묶음인지 알아봅니다.

잘 틀리는 유형 **07** 여러 가지 곱셈식으로 나타내기

**26** 잘못 나타낸 것을 찾아 기호를 쓰시오.

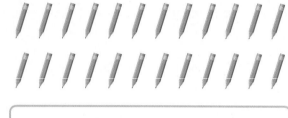

| ㉠ $3 \times 8 = 24$ | ㉡ $4 \times 7 = 24$ |
| ㉢ $6 \times 4 = 24$ | ㉣ $8 \times 3 = 24$ |

(         )

**27** 나비는 모두 몇 마리인지 곱셈식 2개로 나타내시오.

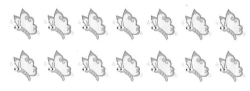

곱셈식 1 _____

곱셈식 2 _____

**28** 고래는 모두 몇 마리인지 여러 가지 곱셈식 으로 나타내어 보시오.

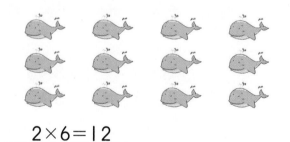

$2 \times 6 = 12$

_____ _____

KEY 고래는 2씩 6묶음, 6씩 2묶음, 3씩 4묶음, 4씩 3묶음 입니다.

## 1-1

다음이 나타내는 수는 얼마인지 풀이 과정을 완성하고 답을 구하시오.

> 7의 6배보다 5만큼 더 큰 수

풀이 7의 6배는

$$\boxed{\phantom{0}} \times \boxed{\phantom{0}} = \boxed{\phantom{0}}$$ 입니다.

7의 6배보다 5만큼 더 큰 수는

$$\boxed{\phantom{0}} + \boxed{\phantom{0}} = \boxed{\phantom{0}}$$ 입니다.

답 $\boxed{\phantom{0}}$

## 2-1

㉠과 ㉡이 나타내는 수의 합은 얼마인지 풀이 과정을 완성하고 답을 구하시오.

> ㉠ 2씩 8묶음    ㉡ 7씩 3묶음

풀이 ㉠ $\boxed{\phantom{0}} \times \boxed{\phantom{0}} = \boxed{\phantom{0}}$

㉡ $\boxed{\phantom{0}} \times \boxed{\phantom{0}} = \boxed{\phantom{0}}$

㉠과 ㉡이 나타내는 수의 합은

$$\boxed{\phantom{0}} + \boxed{\phantom{0}} = \boxed{\phantom{0}}$$ 입니다.

답 $\boxed{\phantom{0}}$

## 1-2

다음이 나타내는 수는 얼마인지 풀이 과정을 쓰고 답을 구하시오.

> 3의 9배보다 4만큼 더 큰 수

풀이

답 _____

## 2-2

㉠과 ㉡이 나타내는 수의 합은 얼마인지 풀이 과정을 쓰고 답을 구하시오.

> ㉠ 3씩 9묶음    ㉡ 4씩 6묶음

풀이

답 _____

6

곱셈

# 3단계 유형 평가

**01** 야구공은 모두 몇 개인지 묶어 세어 보시오.

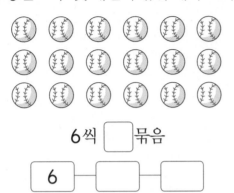

6씩 ☐ 묶음

| 6 | ☐ | ☐ |

**02** 장난감 비행기를 3개씩 묶어 보고, 모두 몇 개인지 쓰시오.

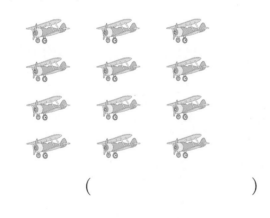

( )

**03** 서진이와 하은이가 거북 인형을 묶어 세었습니다. 잘못 묶어 센 사람은 누구입니까?

> 서진: 4개씩 묶었더니 4묶음이었어.
> 하은: 6개씩 묶었더니 3묶음이었어.

( )

**04** ☐ 안에 알맞은 수를 써넣으시오.

9씩 ☐ 묶음은 9의 ☐ 배입니다.

**05** 별의 수는 4의 몇 배입니까?

( )

**06** 빵의 수는 우유의 수의 몇 배입니까?

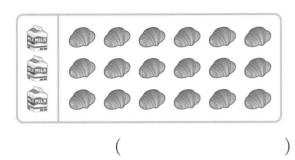

(               )

**07** 구슬의 수의 3배만큼 ○를 그려 보시오.

**08** 모자의 수를 몇의 몇 배로 나타내시오.

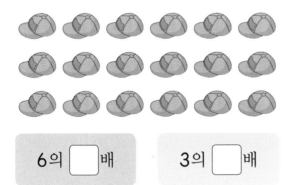

6의 ☐ 배       3의 ☐ 배

**09** 파란색 끈의 길이는 빨간색 끈의 길이의 몇 배입니까?

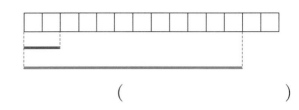

(               )

**10** 5씩 6묶음과 <u>다른</u> 것은 어느 것입니까?
.................................... (      )

① 5의 6배
② $5 \times 6$
③ 5 곱하기 6
④ 5보다 6만큼 더 큰 수
⑤ $5 + 5 + 5 + 5 + 5 + 5$

**11** ☐ 안에 알맞은 수를 써넣으시오.

(1) 4의 3배 ⇨ ☐ $\times$ ☐

(2) 8과 3의 곱 ⇨ ☐ $\times$ ☐

**12** 구슬의 수를 덧셈식과 곱셈식으로 나타내시오.

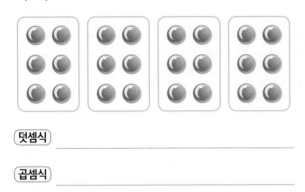

덧셈식 _____

곱셈식 _____

**13** 장미의 수를 곱셈식으로 <u>잘못</u> 설명한 사람의 이름을 쓰시오.

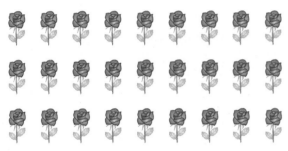

$9 \times 3 = 27$이야.
세호

9와 3의 곱은 27이야.
수아

$9 \times 3 = 27$은 "9 곱하기 3은 27과 같습니다."라고 읽어.
예준

$9 \times 3 = 27$은 9를 9번 더한 수와 같아.
은영

(                    )

**14** 구슬의 7배만큼을 이용하여 목걸이를 만들려고 합니다. 목걸이를 만드는 데 필요한 구슬은 모두 몇 개인지 알아보시오.

(1) 수직선에 화살표로 나타내어 보시오.

(2) 곱셈식으로 나타내어 보시오.

곱셈식 _____

(3) 구슬은 모두 몇 개 필요합니까?

(                    )

**15** 성냥개비를 이용하여 다음과 같은 모양을 6개 만들려고 합니다. 필요한 성냥개비는 모두 몇 개입니까?

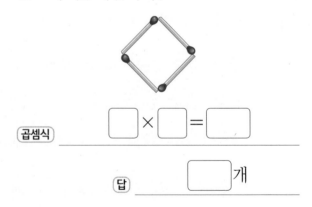

곱셈식  ☐ × ☐ = ☐
_____

답  ☐ 개
_____

**16** ⭐의 수를 잘못 나타낸 것을 찾아 기호를 쓰시오.

> ㉠ $2 \times 9 = 18$          ㉡ $3 \times 6 = 18$
> ㉢ $6 \times 4 = 18$          ㉣ $9 \times 2 = 18$

(                              )

**17** 쿠키가 한 상자에 8개씩 들어 있습니다. 7상자에 들어 있는 쿠키는 모두 몇 개인지 곱셈식으로 나타내고 답을 구하시오.

곱셈식 _____

답 _____

**18** 수박은 모두 몇 개인지 여러 가지 곱셈식으로 나타내시오.

_____

_____

**서술형**

**19** 다음이 나타내는 수는 얼마인지 풀이 과정을 쓰고 답을 구하시오.

> 5의 4배보다 7만큼 더 작은 수

풀이 _____

_____

_____

_____

답 _____

**서술형**

**20** ㉠과 ㉡이 나타내는 수의 차는 얼마인지 풀이 과정을 쓰고 답을 구하시오.

> ㉠ 7씩 4묶음          ㉡ 3씩 6묶음

풀이 _____

_____

_____

_____

답 _____

**QR 코드**를 찍어  단원평가  를 풀어 보세요.

6 곱셈

6. 곱셈  **153**

## 유형 01 두 곱의 합으로 전체 수 구하기

사과는 모두 몇 개인지 구하기

> 빨간색 사과 : 한 봉지에 4개씩 3봉지
> 초록색 사과 : 한 봉지에 5개씩 4봉지

① (빨간색 사과)=$4 \times 3 =$ ▢ (개)

② (초록색 사과)=$5 \times 4 =$ ▢ (개)

③ (사과 전체의 수)= ▢ + ▢

   = ▢ (개)

**01** 바이올린은 줄이 4개이고, 거문고는 줄이 6개입니다. 바이올린 8개와 거문고 4개의 줄은 모두 몇 개입니까?

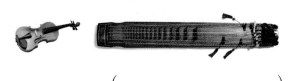

(          )

**02** 세발자전거 8대와 네발자전거 4대가 있습니다. 바퀴는 모두 몇 개입니까?

(          )

## 유형 02 다른 방법으로 묶어 세기

포도가 9송이씩 2묶음 있을 때, 이것을 6송이씩 묶으면 몇 묶음인지 알아보기

① (포도 수)=(9송이씩 2묶음)

   =$9 \times$ ▢

   = ▢ (송이)

② 포도 18송이를 6송이씩 묶어 세면

   6, 12, ▢ 로 ▢ 묶음입니다.

**03** 농구공이 4개씩 4묶음 있습니다. 이것을 8개씩 묶으면 몇 묶음입니까?

(          )

**04** 종이 4개씩 9묶음 있습니다. 이것을 6개씩 묶으면 몇 묶음입니까?

(          )

QR 코드를 찍어 **동영상 특강**을 보세요.

**유형 03** 일부분이 보이지 않을 때 전체 수 구하기

▲ 모양이 규칙적으로 그려진 포장지에서 가려진 부분이 있을 때 ▲ 모양의 전체 개수 구하기

① ▲ 모양 ➡ 5개씩 ☐ 줄

② (▲ 모양의 개수)=5× ☐ = ☐ (개)

**05** ☆ 모양이 규칙적으로 그려진 포장지 위에 필통이 놓여 있습니다. 포장지에 그려진 ☆ 모양은 모두 몇 개입니까?

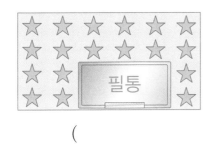

(         )

**06** ☆ 모양이 규칙적으로 그려진 포장지 위에 필통이 놓여 있습니다. 포장지에 그려진 ☆ 모양은 모두 몇 개입니까?

(         )

**유형 04** 새 교과서에 나온 활동 유형

**07** 푼 문제집 장수를 곱셈식으로 나타내시오.

| 계획　요일 | 월 | 화 | 수 | 목 | 금 |
|---|---|---|---|---|---|
| 하루에 문제집 3장 풀기 | ◯ | ◯ | × | ◯ | × |

곱셈식 　☐ × ☐ = ☐

**08** 색 막대를 보고 설명을 바르게 쓰시오.

2 cm

6 cm

초록색 막대의 길이는 노란색 막대의 길이의 **2**배야. 왜냐하면 노란색 막대를 두 번 이어 붙이면 초록색 막대의 길이와 같아지기 때문이야.

➡ 초록색 막대의 길이는 노란색 막대의 길이의 ☐ 배야.

왜냐하면 _____

_____

_____

6 곱셈

**유형 01 여러 가지 방법으로 묶어 보기**

**01** 도넛 6개를 여러 방법으로 묶으려고 합니다. ☐ 안에 알맞은 수를 써넣으시오.

2씩 ☐ 묶음    3씩 ☐ 묶음

**02** 그림을 보고 만들 수 있는 곱셈이 <u>아닌</u> 것을 찾아 기호를 쓰시오.

⊙ 2×8    ⓒ 4×4
ⓒ 6×3    ⓔ 8×2

(             )

🗨️서술형
**03** 구슬을 서로 다른 2가지 방법으로 묶어 모두 몇 개인지 구하려고 합니다. 방법을 설명하시오.

방법 1 _____

방법 2 _____

**유형 02 여러 가지 곱셈식 만들기**

**04** ☐ 안에 알맞은 수를 써넣으시오. (단, ☐ 안에 1은 들어갈 수 없습니다.)

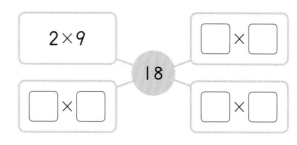

**05** 보기 를 보고 ☐ 안에 알맞은 수를 써넣으시오.

보기

| 12 | | | | | |
|---|---|---|---|---|---|
| 2 | 2 | 2 | 2 | 2 | 2 |
| 4 | | 4 | | 4 | |

2×6=12
4×3=12

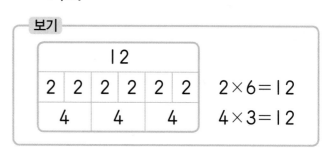

**06** 두 수의 곱이 24가 되는 수끼리 연결하시오. (단, 두 수 사이에 다른 수가 있으면 안 됩니다.)

| 6 | 1 | 3 | 4 | 8 |
|---|---|---|---|---|
| 9 | 4 | 5 | 4 | 3 |
| 3 | 8 | 2 | 5 | 6 |

QR 코드를 찍어 **동영상 특강**을 보세요.

**유형 03** **묶음의 수(몇 배) 구하기**

**07** ☐ 안에 알맞은 수를 써넣으시오.

3씩 ☐ 묶음은 15입니다.

**08** ☐ 안에 알맞은 수를 써넣으시오.

$7 \times \boxed{\phantom{0}} = 49$

**09** ☐ 안에 알맞은 수를 써넣으시오.

6의 ☐ 배는 24입니다.

**유형 04** **곱에 수를 더하거나 빼서 해결하기**

**10** 다음 수를 구하시오.

3의 5배보다 4만큼 더 작은 수

(          )

**11** 파란색 끈의 길이는 빨간색 끈의 길이의 3배보다 4 cm 더 깁니다. 파란색 끈의 길이는 몇 cm입니까?

5 cm

(          )

서술형

**12** 경수는 8살이고 어머니는 경수의 나이의 4배보다 3살 더 많습니다. 어머니의 나이는 몇 살인지 풀이 과정을 쓰고 답을 구하시오.

풀이

답 _____

6

곱셈

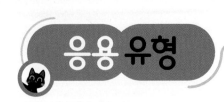
### 뛰어 세기

**01** ☐ 안에 알맞은 수 중 ❹가장 큰 수를 쓰시오.

```
0   5   10   15   20   25
```

❶6+6+6+6=☐

❷6 → 12 → ☐ → 24

❸☐의 4배는 24입니다.

(                    )

❶ 6씩 4번 뛰어 센 수를 구합니다.

❷ 6씩 뛰어 셀 때 12 다음 수를 구합니다.

❸ ☐씩 4번 뛰어 세면 24일 때 ☐를 구합니다.

❹ 수의 크기를 비교하여 가장 큰 수를 씁니다.

### 곱셈식 알아보기

**02** ❷큰 수부터 차례로 기호를 쓰시오.

❶
| ㉠ 3씩 8줄 | ㉡ 5씩 6묶음 | ㉢ 7의 3배 |

(                    )

❶ 곱셈식으로 나타내어 수를 구합니다.

❷ 수의 크기를 비교합니다.

### 곱셈을 두 번 하는 경우

**03** 희진이는 쿠키를 ❶한 상자에 2봉지씩 넣었습니다. 한 봉지에 쿠키가 3개씩 들어 있습니다. / ❷5상자에 넣은 쿠키는 모두 몇 개입니까?

(                    )

❶ 3의 2배를 구합니다.

❷ (3의 2배)의 5배를 구합니다.

**곱셈을 활용하여 남은 개수 구하기**

**04** 과일 가게에 ❶사과가 한 상자에 7개씩 5상자 있습니다. 이 사과를 ❷한 봉지에 4개씩 넣어 8봉지 팔았습니다. / ❸남은 사과는 몇 개입니까?

(          )

❶ 처음 사과의 수를 구합니다.
❷ 판 사과의 수를 구합니다.
❸ 남은 사과의 수를 구합니다.

**수 카드를 이용하여 곱셈식 만들기**

**05** 수 카드 5장 중 2장을 뽑아 두 수의 곱을 구하려고 합니다. ❶곱이 가장 클 때와 / ❷곱이 가장 작을 때의 ❸곱의 차를 구하시오.

| 5 | 2 | 6 | 9 | 4 |

(          )

❶ 곱이 가장 크려면 가장 큰 수와 두 번째로 큰 수의 곱을 구해야 합니다.
❷ 곱이 가장 작으려면 가장 작은 수와 두 번째로 작은 수의 곱을 구해야 합니다.
❸ ❶과 ❷의 차를 구합니다.

**6**

**곱셈**

**공통으로 들어가는 수 구하기**

**06** 1부터 9까지의 수 중 ❸☐ 안에 공통으로 들어갈 수 있는 수를 모두 쓰시오.

$$4 \times \boxed{\phantom{0}} < 25 < 6 \times \boxed{\phantom{0}}$$
$$\quad\;\; ❶ \qquad\quad ❷$$

(          )

❶ $4 \times \boxed{\phantom{0}} < 25$에서 ☐ 안에 들어갈 수 있는 수를 구합니다.
❷ $25 < 6 \times \boxed{\phantom{0}}$에서 ☐ 안에 들어갈 수 있는 수를 구합니다.
❸ ❶, ❷에 공통으로 들어갈 수 있는 수를 구합니다.

**07** 뛰어 세기

□ 안에 알맞은 수 중 가장 큰 수를 구하시오.

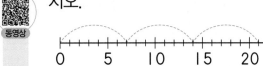

- $7+7+7=$□
- $7 →$ □ $→ 21$
- □의 3배는 21입니다.

(                    )

**08** 4명이 한 팀이 되어 탁구 경기를 하려고 합니다. 탁구 팀은 2팀일 때, 사람은 모두 몇 명입니까?

(                    )

**09** 곱셈식 알아보기

큰 수부터 차례로 기호를 쓰시오.

㉠ 7씩 3줄     ㉡ 5씩 4묶음
㉢ 8의 2배     ㉣ 4의 9배

(                    )

**10** 곱셈을 두 번 하는 경우

희진이는 연필을 4자루씩 묶었습니다. 한 상자에 연필을 2묶음씩 넣었을 때 7상자에 넣은 연필은 모두 몇 자루입니까?

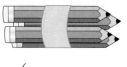

(                    )

**11** 보기 와 같이 두 수를 골라 모눈종이에 사각형을 그리고 알맞은 곱셈식으로 나타내시오.

보기

② ③

③ ④

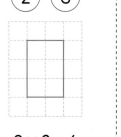

$2 \times 3 = 6$      $3 \times 4 = 12$

○  ○  ⇨

곱셈식 _____

**12** 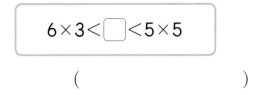 ◻ 안에 들어갈 수 있는 수는 모두 몇 개입니까?

$$6 \times 3 < □ < 5 \times 5$$

( )

**곱셈을 활용하여 남은 개수 구하기**

**13** 과일 가게에 배가 한 상자에 6개씩 8상자 있습니다. 이 배를 한 봉지에 5개씩 넣어 6봉지 팔았습니다. 남은 배는 몇 개입니까?

( )

**14**  곱이 24인 곱셈식을 만들려고 합니다. ◻ 안에 알맞은 수가 더 작은 것을 찾아 ◯표 하시오.

$$3 \times □ = 24 \quad (\qquad)$$

$$4 \times □ = 24 \quad (\qquad)$$

**수 카드를 이용하여 곱셈식 만들기**

**15** 수 카드 5장 중 2장을 뽑아 두 수의 곱을 구하려고 합니다. 곱이 가장 클 때와 곱이 가장 작을 때의 곱의 차를 구하시오.

3 7 8 2 5

( )

**16** 선혜 아버지의 나이는 몇 살입니까?

- 선혜 동생은 4살입니다.
- 선혜는 동생 나이의 2배입니다.
- 선혜 아버지는 선혜 나이의 5배입니다.

( )

**공통으로 들어가는 수 구하기**

**17**  1부터 9까지의 수 중 ◻ 안에 공통으로 들어갈 수 있는 수를 쓰시오.

$$5 \times □ < 40 < 6 \times □$$

( )

**6**

**곱셈**

점판에 사각형을 그렸습니다. 사각형 안에 있는 점의 개수를 곱셈식으로 나타내시오.

동영상

보기

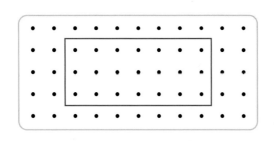

곱셈식 1     $2 \times 7 = 14$

곱셈식 2     $7 \times 2 = 14$

**1**

곱셈식 1 _____

곱셈식 2 _____

점을 가로로 묶어 보고, 세로로 묶어 봅니다.

**2**

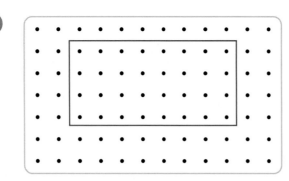

곱셈식 1 _____

곱셈식 2 _____

문제 해결

**2**

색 막대를 보고 물음에 답하시오.

| | | | | | | | | | | |
|---|---|---|---|---|---|---|---|---|---|---|
| 흰색 | | | | | | | | | | |
| 빨간색 | | | | | | | | | | |
| 연두색 | | | | | | | | | | |
| 보라색 | | | | | | | | | | |
| 노란색 | | | | | | | | | | |
| 초록색 | | | | | | | | | | |
| 검은색 | | | | | | | | | | |
| 갈색 | | | | | | | | | | |
| 파란색 | | | | | | | | | | |
| 주황색 | | | | | | | | | | |

❶ 주황색 막대의 길이는 빨간색 막대의 길이의 몇 배입니까?

(　　　　　　　　　)

❷ 파란색 막대의 길이는 연두색 막대의 길이의 몇 배입니까?

(　　　　　　　　　)

❸ 갈색 막대의 길이는 보라색 막대의 길이의 몇 배입니까?

(　　　　　　　　　)

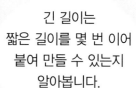

긴 길이는
짧은 길이를 몇 번 이어
붙여 만들 수 있는지
알아봅니다.

6

곱셈

**1**   동영상

| HME 18번 문제 수준 |

☐ 안에 알맞은 수를 구하시오.

> $6 \times 8$은 $5 \times$ ☐ 보다 13만큼 더 큽니다.

(                    )

**2**   동영상

| HME 19번 문제 수준 |

색종이가 50장보다 적게 있습니다. 이 색종이를 5장씩 묶으면 1장이 남고, 6장씩 묶으면 남거나 모자라지 않고 딱 맞게 묶을 수 있습니다. 7장씩 묶으면 1장이 남습니다. 색종이는 몇 장입니까?

(                    )

◇ 색종이를 5장씩 묶었을 때 한 장이 남는 경우는 5+1=6(장), 10+1=11(장), 15+1=16(장), ...,입니다.

**3**

| HME 20번 문제 수준 |

㉠과 ㉡은 서로 다른 한 자리 수입니다. ㉠과 ㉡의 곱은 얼마입니까?

$$㉠×㉠=㉡ \ , \ ㉡-㉠=2$$

(                    )

◇ ㉠×㉠=㉡을 만족하는 ㉠과 ㉡을 먼저 알아봅니다.

---------------------------------

---------------------------------

**4**

| HME 21번 문제 수준 |

3개의 수 2, 4, 6 중 서로 다른 두 수를 사용하여 두 수의 합과 곱을 만들었더니 보기 와 같이 5개의 서로 다른 수가 만들어졌습니다.

> 보기
>
> 합: $2+4=6$, $2+6=8$, $4+6=10$
> 곱: $2×4=8$, $2×6=12$, $4×6=24$
> ⇨ 6, 8, 10, 12, 24

4개의 수 3, 5, 7, 9 중 서로 다른 두 수를 사용하여 보기 와 같이 두 수의 합과 곱을 만들려고 합니다. 만들 수 있는 서로 다른 수는 모두 몇 개입니까?

(                    )

---------------------------------

---------------------------------

---------------------------------

---------------------------------

6

곱셈

# 쉬어가기

## 지렁이를 가장 많이 모을 수 있는 길은?

아빠 두더지가 땅 속에 바구니로 창고를 만들어 지렁이를 모아 두려고 합니다.
어느 길로 들어가야 지렁이를 가장 많이 모을 수 있을까요?

> **창고에 지렁이 모으는 방법**
>
> ① 입구에서 출발하여 땅 속 창고가 나올 때까지 아래로 움직입니다.
> ② 아래로 내려가다 만나는 길에서는 반드시 꺾어서 움직여야 합니다.
> ③ 창고에 갈 때까지 나오는 지렁이의 수만큼 지렁이를 모을 수 있습니다.
> ④ 중간에 다른 두더지를 만나면 그 수만큼 지렁이를 뺏깁니다.

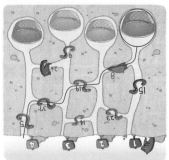

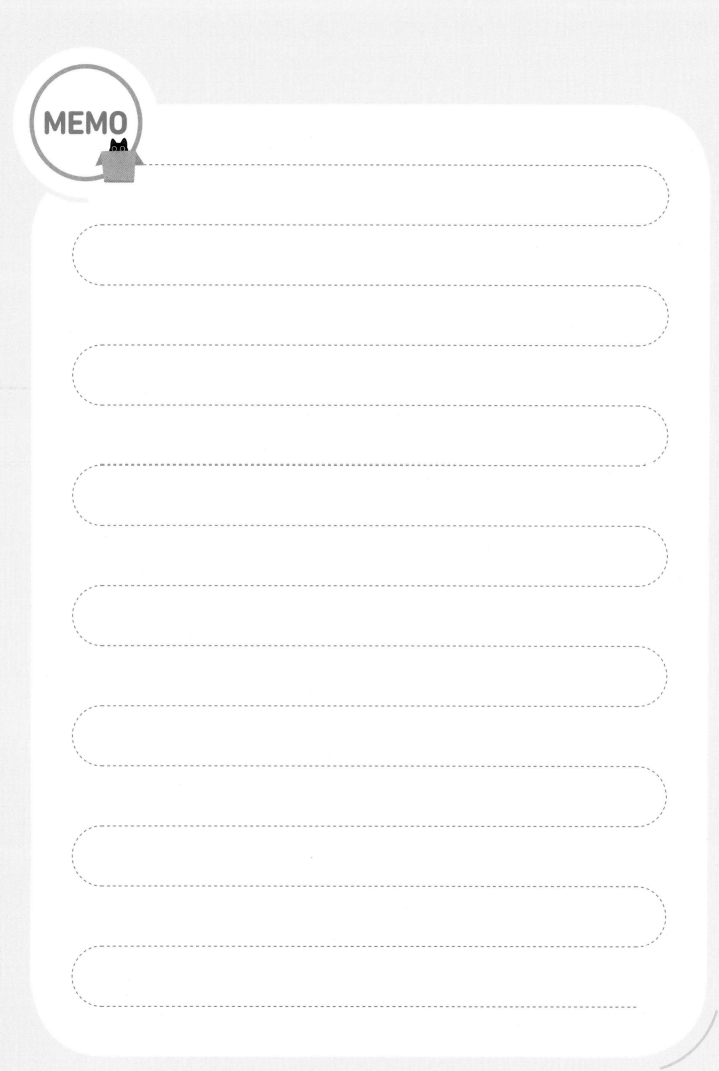

MEMO

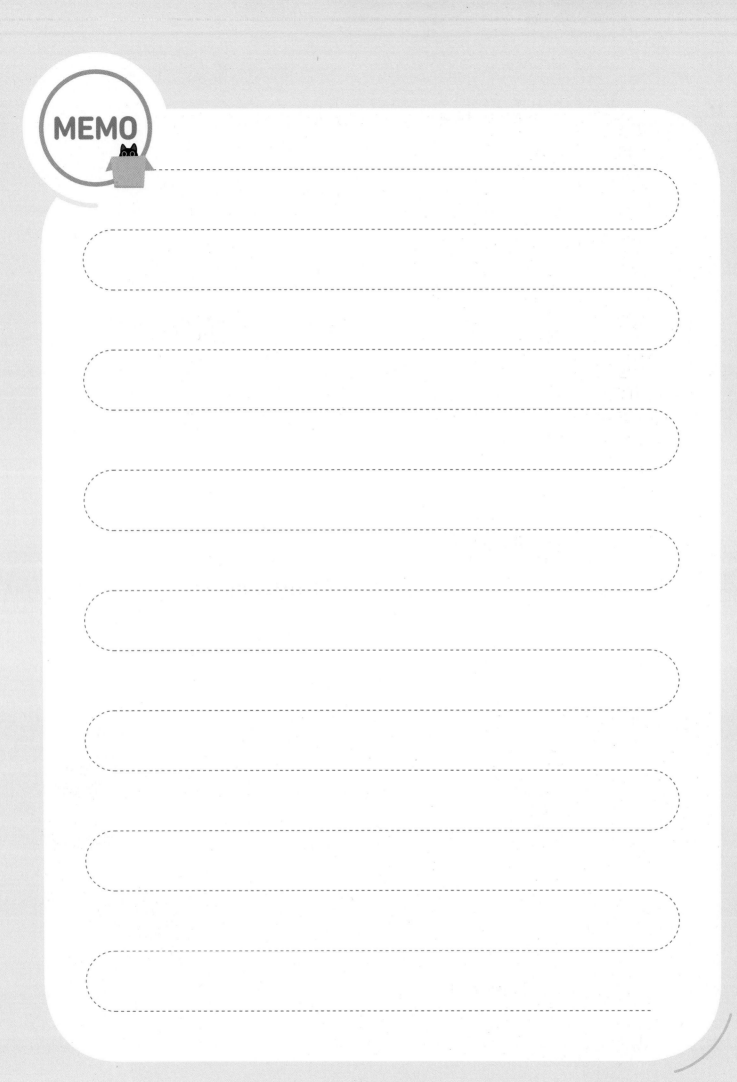

MEMO

立 身 揚 名
설 몸 오를 이름
입 신 양 명

'호랑이는 죽어서 가죽을 남기고,
사람은 죽어서 이름을 남긴다.'는 속담을 알고 있나요?
착하고 훌륭한 일을 하면 그 사람의 이름이 후세에까지 빛난다는 뜻인데,
'입신양명'도 같은 의미로 사용되는 말이랍니다.
열심히 공부하는 여러분! '입신양명'을 응원합니다.

해당 콘텐츠는 천재교육 '똑똑한 하루 독해'를 참고하여 제작되었습니다.
모든 공부의 기초가 되는 어휘력+독해력을 키우고 싶을 땐,
똑똑한 하루 독해&어휘를 풀어보세요!

# # 뭘 좋아할지 몰라 다 준비했어♥
# # 전과목 교재

## 전과목 시리즈 교재

### ●무등생 해법시리즈
| | |
|---|---|
| – 국어/수학 | 1~6학년, 학기용 |
| – 사회/과학 | 3~6학년, 학기용 |
| – 봄·여름/가을·겨울 | 1~2학년, 학기용 |
| – SET(전과목/국수, 국사과) | 1~6학년, 학기용 |

### ●똑똑한 하루 시리즈
| | |
|---|---|
| – 똑똑한 하루 독해 | 예비초~6학년, 총 14권 |
| – 똑똑한 하루 글쓰기 | 예비초~6학년, 총 14권 |
| – 똑똑한 하루 어휘 | 예비초~6학년, 총 14권 |
| – 똑똑한 하루 한자 | 예비초~6학년, 총 14권 |
| – 똑똑한 하루 수학 | 1~6학년, 학기용 |
| – 똑똑한 하루 계산 | 예비초~6학년, 총 14권 |
| – 똑똑한 하루 도형 | 예비초~6학년, 총 8권 |
| – 똑똑한 하루 사고력 | 1~6학년, 학기용 |
| – 똑똑한 하루 사회/과학 | 3~6학년, 학기용 |
| – 똑똑한 하루 봄/여름/가을/겨울 | 1~2학년, 총 8권 |
| – 똑똑한 하루 안전 | 1~2학년, 총 2권 |
| – 똑똑한 하루 Voca | 3~6학년, 학기용 |
| – 똑똑한 하루 Reading | 초3~초6, 학기용 |
| – 똑똑한 하루 Grammar | 초3~초6, 학기용 |
| – 똑똑한 하루 Phonics | 예비초~초등, 총 8권 |

### ●독해가 힘이다 시리즈
| | |
|---|---|
| – 초등 문해력 독해가 힘이다 비문학편 | 3~6학년 |
| – 초등 수학도 독해가 힘이다 | 1~6학년, 학기용 |
| – 초등 문해력 독해가 힘이다 문장제수학편 | 1~6학년, 총 12권 |

## 영어 교재

### ●초등영어 교과서 시리즈
| | |
|---|---|
| 파닉스(1~4단계) | 3~6학년, 학년용 |
| 영단어(1~4단계) | 3~6학년, 학년용 |

| | |
|---|---|
| ●LOOK BOOK 영단어 | 3~6학년, 단행본 |
| ●원서 읽는 LOOK BOOK 영단어 | 3~6학년, 단행본 |

## 국가수준 시험 대비 교재

| | |
|---|---|
| ●해법 기초학력 진단평가 문제집 | 2~6학년·중1 신입생, 총 6권 |

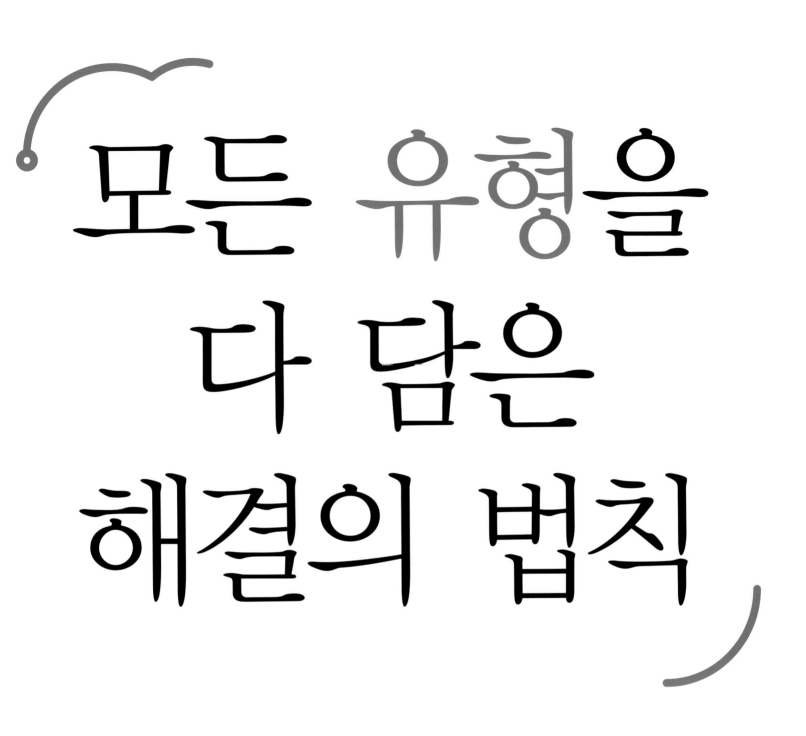

# 모든 유형을 다 담은 해결의 법칙

정답 및 풀이

수학
2·1

천재교육

# 정답 및 풀이
## 포인트 ❸ 가지

▶ 혼자서도 이해할 수 있는 친절한 문제 풀이

▶ 문제 해결에 필요한 핵심 내용 또는
   틀리기 쉬운 내용을 담은 왜 틀렸을까

▶ 문제 분석으로 어려운 응용 유형 완벽 대비

# 정답 및 풀이

## 2-1

# 정답 및 풀이

## 1 세 자리 수

### 1단계 기초 문제
**9쪽**

**1-1** (1) 368, 삼백육십팔  (2) 272, 이백칠십이
(3) 659, 육백오십구
**1-2** (1) 805, 팔백오  (2) 403, 사백삼
(3) 910, 구백십
**2-1** (1) <, <  (2) <, <  (3) >, >  (4) <, <
(5) >, >  (6) >, >
**2-2** (1) >  (2) <  (3) >  (4) <  (5) <  (6) >

### 2단계 기본 유형
**10~17쪽**

**01** 10, 0, 100      **02** 100, 100
**03** 100, 100      **04** 600, 육백
**05** 300, 700
**06** (1) (  ) ( ○ )  (2) ( ○ ) (  )
**07** 154          **08** 219, 이백십구
**09** 476원
**10** (1) 이백오십오  (2) 940
**11** 세호          **12** 138권
**13** 300, 80, 0
**14** 725=700+20+5
**15** ④
**16** (1)

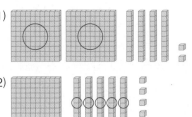

(2)

**17** 537          **18** 529

**19** (1) 550, 750  (2) 492, 512
(3) 741, 743
**20** (1) 100  (2) 10    **21** 1000, 천
**22** 240          **23** 508, 808
**24** (위부터) 5, 2, 4 ; >
**25** (1) (  ) ( ○ )  (2) ( ○ ) (  )
**26** 완희          **27** <, 177
**28** ㉡          **29** 학교
**30**

155 ⎯⎯⎯⎯ 160 ↑ ⎯⎯⎯⎯ 165 , >
        161  163

**31** (1) 300에 ○표  (2) 705에 ○표
**32** 가 마을
**33** (위부터) 0, 3, 8, 3, 0 ; 328, 302
**34** 693, 825, 840    **35** 수빈
**36** 500원          **37** 340원
**38** 720원          **39** 534, 533, 532
**40** 610, 600, 590    **41** 802, 792

### 서술형 유형

**1-1** 1, 100
**1-2** 예 십의 자리 수가 1씩 커지므로 10씩 뛰어
센 것입니다.
**2-1** 919, 920, 921, 922, 4 ; 4
**2-2** 예 594보다 크고 601보다 작은 세 자리 수
는 595, 596, 597, 598, 599, 600으로
모두 6개입니다. ; 6개

### 10쪽

**01** 십 모형 10개는 100을 나타냅니다.

**02** 90보다 10만큼 더 큰 수는 100입니다.

**03** 99보다 1만큼 더 큰 수는 100입니다.

**04** 100이 6개인 수: 600(육백)

**05** 100, 200, 300, ..., 으로 몇백을 세어 봅니다.
300은 0에서 오른쪽으로 3칸 뛴 곳,
700은 500에서 오른쪽으로 2칸 뛴 곳입니다.

**06** (1) 100, 200, 300, 400이므로 300은 400에 더 가깝습니다.
(2) 400, 500, 600, 700, 800, 900이므로 600은 400에 더 가깝습니다.

**11쪽**

**07** 100이 1개: 100
　　10이 5개: 　50
　　　1이 4개: 　　4
　　　　　　　　154

**08** 백 모형이 2개, 십 모형이 1개, 일 모형이 9개이므로 수 모형이 나타내는 수는 219이고, 이백십구라고 읽습니다.

**09** 100원짜리 동전 4개는 400원,
10원짜리 동전 7개는 70원,
1원짜리 동전 6개는 6원이므로
동전은 모두 476원입니다.

**10** (1) 255 ⇨ 이백오십오
(2) 구백사십 ⇨ 940

**11** 100이 5개, 1이 3개인 수를 503이라 쓰고 '오백삼'이라고 읽습니다.

**12** 100권씩 1상자: 100권
10권씩 3상자: 　30권
낱개 8권 : 　　8권
　　　　　　　138권

**12쪽**

**13** 380에서
3은 백의 자리 숫자이므로 300을,
8은 십의 자리 숫자이므로 80을,
0은 어느 자리에 있더라도 0을 나타냅니다.

**14** 725에서
7은 700을, 2는 20을, 5는 5를 나타내므로
725=700+20+5입니다.

**15** ④ 0은 0을 나타냅니다.

**16** (1) 백 모형 2개에 ○표 합니다.
(2) 십 모형 5개에 ○표 합니다.

**17** 십의 자리 숫자를 살펴보면
537은 3, 263은 6, 314는 1입니다.

**18** 숫자 5가 나타내는 수가
925는 5, 254는 50, 529는 500,
425는 5입니다.

**13쪽**

**19** (1) 100씩 뛰어 세면 백의 자리 수가 1씩 커집니다.
350-450-550-650-750
(2) 10씩 뛰어 세면 십의 자리 수가 1씩 커집니다.
472-482-492-502-512
(3) 1씩 뛰어 세면 일의 자리 수가 1씩 커집니다.
739-740-741-742-743

**20** (1) 387-487-587-687-787
백의 자리 수가 1씩 커졌으므로 100씩 뛰어 센 것입니다.
(2) 623-633-643-653-663
십의 자리 수가 1씩 커졌으므로 10씩 뛰어 센 것입니다.

**21** 999보다 1만큼 더 큰 수는 1000이고 천이라고 읽습니다.

**22** 10씩 뛰어 세면 십의 자리 수가 1씩 커집니다.
⇨ 200-210-220-230-240
　　　　　　　　　　　　㉠

**23** 100씩 뛰어 셉니다.

## **14**쪽

**24** 358 > 274
    └ 3 > 2 ┘

**25** ⑴ 오백십구는 519이고, 팔백이십삼은 823
입니다. 백의 자리 수를 비교하면
519 < 823입니다.
⑵ 사백삼십이는 432이고, 삼백십팔은 318
입니다. 백의 자리 수를 비교하면
432 > 318입니다.

**26** 561 < 619이므로 완희가 줄넘기를 더 많이
했습니다.

**27** 151 < 177
    └ 5 < 7 ┘

**28** ㉠ 675 > 665
       └ 7 > 6 ┘
㉡ 713 > 709
         └ 1 > 0 ┘

**29** 561 > 519이므로 집에서 더 먼 곳은 학교입
니다.

## **15**쪽

**30** 수직선에서 오른쪽에 있을수록 더 큰 수입니다.

**31** ⑴ 308보다 작은 수는 300입니다.
⑵ 708보다 작은 수는 705입니다.

**32** 289 > 287이므로 가 마을의 병원 수가 더
많습니다.

**33** 백의 자리 수가 모두 같으므로 십의 자리 수를
비교하면 302가 가장 작습니다.
나머지 두 수 328과 320을 비교하면
328 > 320입니다.
⇨ 302 < 320 < 328

**34** 백의 자리 수를 비교하면 693이 가장 작습니다.
840과 825의 십의 자리 수를 비교하면
825가 더 작습니다.
⇨ 693 < 825 < 840

**35** 690 < 720 < 780
  (민재)  (영선)  (수빈)

## **16**쪽

**36** 100원짜리 4개: 400원
   10원짜리 10개: 100원
                   500원

**37** 100원짜리 2개: 200원
   10원짜리 14개: 140원
                   340원

**38** 100원짜리 5개: 500원
   10원짜리 22개: 220원
                   720원

**왜 틀렸을까?** 10원짜리 동전 11개는 110원,
12개는 120원, 13개는 130원, …, 입니다.

**39** 1씩 거꾸로 뛰어 세면 일의 자리 수가 1씩 작
아집니다.

**40** 10씩 거꾸로 뛰어 세면 십의 자리 수가 1씩
작아집니다.

**41** 십의 자리 수가 1씩 작아지므로 10씩 거꾸로
뛰어 센 것입니다.

**왜 틀렸을까?** 거꾸로 뛰어 세면 수가 작아집니다.

## **17**쪽

**1-2** **서술형 가이드** 10씩 뛰어 센 것이라는 말이 들어 있
어야 합니다.

**채점 기준**

| | |
|---|---|
| 상 | 10씩 뛰어 센 것이라고 설명함. |
| 하 | 답을 쓰지 못하거나 틀리게 씀. |

**2-2** **서술형 가이드** 595부터 600까지 수를 세는 과정
이 들어 있어야 합니다.

**채점 기준**

| | |
|---|---|
| 상 | 595부터 600까지 수를 세어 개수를 구함. |
| 중 | 595부터 600까지 수를 바르게 세었으나 답이 틀림. |
| 하 | 595부터 600까지 수를 세지 못하고 답도 틀림. |

## 3단계 유형 단원 평가

01 90, 100          02 4,

03 (앞에서부터) 200, 300, 600, 800

04 570, 오백칠십     05 수아

06 146점            07 ②

08 371=300+70+1

09 589              10 417

11 299, 300, 301

12 ⑴ ( ○ ) ( )      ⑵ ( ) ( ○ )

13 동현             14 460, 408, 402

15 600원            16 690, 680, 670

17 580원            18 489, 389

19 예 일의 자리 수가 1씩 커지므로 1씩 뛰어 센 것입니다.

20 예 237보다 크고 243보다 작은 세 자리 수는 238, 239, 240, 241, 242로 모두 5개 입니다. ; 5개

### 18쪽

01 60부터 10씩 뛰어 세면 60, 70, 80, 90, 100입니다.

02 400은 100이 4개이고 사백이라고 읽습니다.

**참고**
팔백은 800이고, 100이 8개인 수입니다.
이백은 200이고, 100이 2개인 수입니다.

03 100, 200, 300, ...., 으로 몇백을 세어 봅니다.

04 백 모형이 5개, 십 모형이 7개, 일 모형은 없으므로 수 모형이 나타내는 수는 570입니다.
570은 오백칠십이라고 읽습니다.

05 100이 8개, 10이 6개인 수는 860이라 쓰고, 팔백육십이라고 읽습니다.

### 19쪽

06   100점짜리 1개: 100점
    10점짜리 4개:  40점
     1점짜리 6개:   6점
             146점

07 ① 5는 500을 나타냅니다.
   ③ 8은 8을 나타냅니다.
   ④ 백의 자리 숫자는 5입니다.
   ⑤ 십의 자리 숫자는 0입니다.

08 371에서 3은 300을, 7은 70을, 1은 1을 나타내므로 371=300+70+1입니다.

09 숫자 9가 나타내는 수가
907은 900, 589는 9, 494는 90입니다.

10 10씩 뛰어 세면 십의 자리 수가 1씩 커집니다.
⇨ 377-387-397-407-417
                         ⑦

### 20쪽

11 1씩 뛰어 셉니다.
297-298-299-300-301-302

12 ⑴ 백십구: 119, 백팔: 108
    ⇨ 119>108
  ⑵ 칠백이십사: 724, 칠백오십육: 756
    ⇨ 724<756

13 300>278이므로
동현이가 줄넘기를 더 많이 했습니다.

14 백, 십, 일의 자리 순으로 크기를 비교하면
460>408>402입니다.

15   100원짜리  4개: 400원
    10원짜리 20개: 200원
              600원

**21**쪽

**16** 10씩 거꾸로 뛰어 세면 십의 자리 수가 1씩
작아집니다.
720-710-700-690-680-670

**17** 100원짜리 4개: 400원
10원짜리 18개: 180원
580원

**왜 틀렸을까?** 10원짜리 18개는 180원입니다.

**18** 백의 자리 수가 1씩 작아지므로 100씩 거꾸로
뛰어 센 것입니다.

**왜 틀렸을까?** 거꾸로 뛰어 세면 수가 작아집니다.

**19** **서술형** 가이드 1씩 뛰어 센 것이라는 말이 들어 있
어야 합니다.

**채점 기준**

| 상 | 1씩 뛰어 센 것이라고 설명함. |
|---|---|
| 하 | 답을 쓰지 못하거나 틀리게 씀. |

**20** **서술형** 가이드 238부터 242까지 수를 세는 과정
이 들어 있어야 합니다.

**채점 기준**

| 상 | 238부터 242까지 수를 세어 개수를 구함. |
|---|---|
| 중 | 238부터 242까지 수를 바르게 세었으나 답이 틀림. |
| 하 | 238부터 242까지 수를 세지 못하고 답도 틀림. |

---

잘 틀리는 **실력 유형** `22~23쪽`

**유형 01** 753, 357
**01** 842      **02** 609
**유형 02** 6, 2, 652
**03** 389
**유형 03** 7, 8, 9
**04** 6, 7, 8, 9      **05** 0, 1, 2
**06** 대한민국      **07** 0, 1

---

**22**쪽

**01** 가장 큰 세 자리 수를 만들려면 큰 수부터 백의
자리, 십의 자리, 일의 자리에 차례로 놓아야
합니다. ⇨ 8>4>2이므로 가장 큰 세 자리
수는 842입니다.

**왜 틀렸을까?** 큰 수부터 백, 십, 일의 자리에 차례로
씁니다.

**02** 가장 작은 세 자리 수를 만들려면 작은 수부
터 백의 자리, 십의 자리, 일의 자리에 차례로
놓아야 합니다. ⇨ 0<6<9이지만 0은 맨 앞
자리에 올 수 없으므로 가장 작은 세 자리 수는
609입니다.

**왜 틀렸을까?** 맨 앞자리에 0은 올 수 없습니다.

**03** 백의 자리: 나타내는 수가 300이므로 3
십의 자리: 7보다 크고 9보다 작은 수인 8
일의 자리: 7보다 큰 홀수인 9
조건을 만족하는 세 자리 수는 389입니다.

**왜 틀렸을까?** 백, 십, 일의 자리 숫자를 따로따로 생
각해 봅니다.

**23**쪽

**04** ① □ 안에 6을 넣어 보면 961<963이므로
□ 안에 6은 들어갈 수 있습니다.
② 6<□이므로 □ 안에 들어갈 수 있는 수는
7, 8, 9입니다.
따라서 □ 안에 들어갈 수 있는 수는 6, 7, 8,
9입니다.

**왜 틀렸을까?** □ 안에 6이 들어갈 수 있는지, 없는지
생각해 봅니다.

**05** ① □ 안에 3을 넣어 보면 733>730이므로
□ 안에 3은 들어갈 수 없습니다.
② □<3이므로 □ 안에 들어갈 수 있는 수는
0, 1, 2입니다.
따라서 □ 안에 들어갈 수 있는 수는 0, 1, 2
입니다.

**왜 틀렸을까?** □ 안에 3이 들어갈 수 있는지, 없는지
생각해 봅니다.

06 세 자리 수 ■▲●에서
　 ■는 ■00을 나타내고, ▲는 ▲0을 나타내고,
　 ●는 ●를 나타냅니다.
　 351에서 3은 300을 나타내므로 ①은 대,
　 724에서 2는 20을 나타내므로 ②는 한,
　 406에서 0은 0을 나타내므로 ③은 민,
　 815에서 5는 5를 나타내므로 ④는 국
　 입니다. 따라서 비밀 문장은 대한민국입니다.

07 232 > 23□에서 백의 자리 수와 십의 자리
　 수는 같으므로 일의 자리 수를 비교합니다.
　 2 > □이므로 □ 안에 들어갈 수 있는 수는 0,
　 1입니다.

### 다르지만 **같은 유형**　　24~25쪽

01 100에 ○표　　　　02 410
03 예) 500원짜리가 1개이면 500원,
　　 100원짜리가 2개이면 200원,
　　 10원짜리가 18개면 180원
　　 이므로 모두 880원입니다.
　　 ; 880원
04 232에 ○표　　　05 ( 　 )( 　 )( ○ )
06 <　　　　　　　　07 1000
08 240
09 예) 640부터 20씩 4번 뛰어 셉니다.
　　 640−660−680−700−720이므로
　　 민희가 가지고 있는 색종이는 720장이 됩
　　 니다.
　　 ; 720장
10 210, 201, 111
11 210원, 120원
12 300원, 210원

### 24쪽

**01~03** 핵심
10이 10개: 100, 10이 11개: 110,
10이 12개: 120, 10이 13개: 130, ……

01 10이 10개이면 100입니다.

02 100이 3개: 300 ⎤
　 10이 11개: 110 ⎦ ⇨ 410

03 서술형 가이드　각 동전은 얼마를 나타내는지 바르게
　 구하는 풀이 과정이 들어 있어야 합니다.

채점 기준

| | |
|---|---|
| 상 | 500원, 200원, 180원을 정확히 표시하여 답을 구했음. |
| 중 | 500원, 200원, 180원 중 일부만 썼지만 답은 바르게 구했음. |
| 하 | 500원, 200원, 180원 중 일부만 쓰고 답이 틀림. |

**04~06** 핵심
백의 자리, 십의 자리, 일의 자리 순서로 수의 크기를
비교합니다.

04 십의 자리 수를 비교합니다.
　 232, 255 중 245보다 더 작은 수는 232
　 입니다.

05 600보다 큰 수를 찾으면 650입니다.

06 백의 자리 수가 같으므로 십의 자리 수를 비교
　 합니다.
　 ⇨ 35●, 37●에서 5 < 7이므로 37●이 더
　 큽니다.

### 25쪽

**07~09** 핵심
2씩 뛰어 세면 2−4−6−8−10입니다.

07 200−400−600−800−1000이므로
　 ㉠에 알맞은 수는 1000입니다.

08 160−180−200−220−240이므로
　 160부터 20씩 4번 뛰어 센 수는 240입니다.

**09** 서술형 가이드  640부터 20씩 4번 뛰어 세는 풀이 과정이 들어 있어야 합니다.

**채점 기준**

| 상 | 640부터 20씩 4번 뛰어 세어 답을 구했음. |
|---|---|
| 중 | 640, 660, 680, 700, 720의 세는 과정은 없으나 답을 구했음. |
| 하 | 뛰어 세기를 하지 못하여 답을 구하지 못함. |

**10~12** 핵심

세 자리 수로 나타내야 한다는 조건이 있다면 백 모형은 반드시 사용해야 합니다.

**10** 백 모형 2개, 십 모형 1개 ⇨ 210
백 모형 2개, 일 모형 1개 ⇨ 201
백 모형 1개, 십 모형 1개, 일 모형 1개
⇨ 111

**11** 100원짜리 2개, 10원짜리 1개 ⇨ 210원
100원짜리 1개, 10원짜리 2개 ⇨ 120원

**12** 100원짜리 3개 ⇨ 300원
100원짜리 2개, 10원짜리 1개 ⇨ 210원
따라서 나타낼 수 있는 금액은
300원, 210원입니다.

**응용 유형**  26~29쪽

| 01 550, 오백오십 | 02 ⓒ, ㉠, ㉡ |
|---|---|
| 03 5개 | 04 5개 |
| 05 556, 557, 558 | 06 윤수, 연하, 해지 |
| 07 515장 | 08 750, 칠백오십 |
| 09 ㉡, ㉠, ㉢ | 10 264 |
| 11 13, 32 | 12 6개 |
| 13 402 | 14 3개 |
| 15 774, 775, 776 | 16 민욱, 동욱, 지환 |
| 17 6 | |

**26쪽**

**01** 100이 4개인 수: 400
400에서 50씩 3번 뛰어 센 수는
400−450−500−550입니다.
1번  2번  3번

참고
• 5씩 뛰어 세기
5−10−15−20−25−⋯
• 50씩 뛰어 세기
50−100−150−200−250−⋯
⇨ 5씩 뛰어 셀 때에는 오, 십, 십오, 이십, ⋯, 으로 소리 내어 익힙니다.

**02** ㉠ 423  ㉡ 406  ㉢ 430
⇨ 430>423>406
㉢    ㉠    ㉡

**03** 10원짜리 40개는 400원입니다.
100원짜리 □개와 400원으로 900원을 만들어야 하므로 □=5입니다.

**27쪽**

**04** 백의 자리 숫자가 3, 일의 자리 숫자가 5인 세 자리 수를 3□5라 하면 3□5는 345보다 커야 합니다.
따라서 3□5>345인 경우를 찾아보면 355, 365, 375, 385, 395로 모두 5개입니다.

**05** ㉠ 559
㉡ 세 자리 수가 □□□일 때 □+□+□=15인 경우는 □=5이므로 555입니다.
따라서 555와 559 사이에 있는 세 자리 수는 556, 557, 558입니다.

**06** 백의 자리 수를 비교하면 67●가 가장 큽니다.
나머지 두 수의 십의 자리 수를 비교하면
48●>46●입니다.
⇨ 67●>48●>46●
(윤수) (연하) (해지)

**28**쪽

**07** 100장씩 5묶음 : 500장
     10장씩 1묶음 :   10장
     낱개 5장 :     5장
                   515장

---

**08** 〔문제 분석〕

**08** 다음 수에서 ❷50씩 5번 뛰어 센 수를 쓰고 읽어 보시오.

❶
| 100이 5개인 수 |

❶ 100이 5개인 수를 구합니다.
❷ ❶에서 50씩 5번 뛰어 셉니다.

---

❶100이 5개인 수 : 500
❷500에서 50씩 5번 뛰어 세면
500−550−600−650−700−750
     1번    2번    3번    4번    5번
입니다.

---

**09** 〔문제 분석〕

**09** ❷큰 수부터 차례로 기호를 쓰시오.

❶
   ㉠ 725보다 10만큼 더 작은 수
   ㉡ 693보다 100만큼 더 큰 수
   ㉢ 710보다 1만큼 더 큰 수

❶ ㉠, ㉡, ㉢을 각각 구합니다.
❷ 수의 크기를 비교하여 큰 수부터 차례로 기호를 씁니다.

---

❶㉠ 725 → 715    ㉡ 693 → 793
   ㉢ 710 → 711

❷715, 793, 711의 크기를 비교하면
793>715>711입니다.
 ㉡       ㉠       ㉢

---

**10** 세호는 20씩 뛰어 세었습니다. ⇨ ㉠=264
수아는 5씩 뛰어 세었습니다. ⇨ ㉡=255
264>255이므로 더 큰 수는 264입니다.

---

〔참고〕

• 2씩 뛰어 세기 : 2−4−6−8−10−⋯
• 20씩 뛰어 세기 : 20−40−60−80−100−⋯
• 200씩 뛰어 세기
   200−400−600−800−1000−⋯
⇨ 2씩 뛰어 셀 때에는 둘, 넷, 여섯, 여덟, 열로 소리 내어 익힙니다.

**11** 100원짜리   6 개 : 600 원
   10원짜리 | 13 |개 : | 130 |원 ⇨ 732원
   1원짜리   2 개 :   2 원

   10원짜리 70 개 : 700 원
   1원짜리 | 32 |개 : | 32 |원 ⇨ 732원

**29**쪽

**12** 〔문제 분석〕

**12** 100원짜리 몇 개와 ❶10원짜리 20개로 / ❷800원을 만들려고 합니다. 100원짜리 몇 개가 필요합니까?

❶ 10원짜리 20개는 얼마인지 구합니다.
❷ 100원짜리 □개와 200원을 합하여 800원이 되는 경우를 알아봅니다.

---

❶10원짜리 20개는 200원입니다.
❷100원짜리 □개와 200원을 합하여 800원을 만들어야 하므로 □=6입니다.

**13** 일의 자리 숫자가 2인 세 자리 수는 □□2입니다. 이 때 수의 맨 앞자리에는 0이 올 수 없으므로 402입니다.

**14** 〔문제 분석〕

**14** ❶백의 자리 숫자가 4, 일의 자리 숫자가 9인 세 자리 수 중에서 / ❷469보다 큰 수는 모두 몇 개입니까?

❶ 십의 자리 숫자를 □로 하는 세 자리 수를 만듭니다.
❷ ❶에서 만든 수가 469보다 큰 경우를 모두 세어 봅니다.

---

❶백의 자리 숫자가 4, 일의 자리 숫자가 9인 세 자리 수는 4□9의 모양입니다.
❷4□9>469인 경우는 479, 489, 499로 3개입니다.

**15** 문제 분석

**15**³ ㉠과 ㉡ 사이에 있는 세 자리 수를 모두 쓰시오.

- ❶㉠ 백과 십의 자리 숫자는 7이고, 일의 자리 숫자는 3인 세 자리 수
- ❷㉡ 백, 십, 일의 자리 숫자의 합이 21이고, 세 숫자가 모두 같은 세 자리 수

- ❶ 백, 십, 일의 자리 숫자를 자리에 맞게 씁니다.
- ❷ 같은 수를 3번 더한 값이 21이 되는 경우를 알아봅니다.
- ❸ ㉠과 ㉡ 중 작은 수부터 큰 수까지 수를 차례로 세어 보면서 두 수 사이의 수를 구합니다.

❶㉠ 773
❷㉡ 세 자리 수가 □□□일 때 □+□+□=21인 경우는 □=7이므로 777입니다.
❸773과 777 사이에 있는 세 자리 수는 774, 775, 776입니다.

**16** 문제 분석

**16** 은서네 모둠 친구들이 모은 엽서 수입니다. 모두 세 자리 수이고 일의 자리 숫자가 보이지 않습니다. ❷엽서를 많이 모은 사람부터 차례로 이름을 쓰시오.

❶
| 이름 | 민욱 | 지환 | 동욱 |
|---|---|---|---|
| 엽서 수 | 70●개 | 62●개 | 68●개 |

- ❶ 백의 자리부터 차례로 크기를 비교합니다.
- ❷ 큰 수부터 차례로 이름을 씁니다.

백의 자리 수를 비교하면 70●가 가장 큽니다.
나머지 두 수의 십의 자리 수를 비교하면
62●<68●입니다.
⇨ 70● > 68● > 62●
  (민욱) (동욱) (지환)

**17** 육백이십팔은 628이므로 바꾸어 읽기 전의 수는 826입니다.
100이  5개 : 500 ⎤
10이 32개 : 320 ⎦ 820이므로
826이 되려면 1이 6개 더 필요하므로 ◆는 6입니다.

**사고력 유형** 30~31쪽

1 ❶ 200+40+1=241
  ❷ 300+20+7=327
2 예

3 10개

**30쪽**

1 ❶ 위에서부터 매듭의 수는 2개, 4개, 1개입니다.
  ❷ 위에서부터 매듭의 수는 3개, 2개, 7개입니다.

**31쪽**

2 ・300원 : 100원짜리 동전이 1개 있으므로 50원짜리 동전으로 200원을 만들어야 합니다. 따라서 50원짜리 동전을 1개 지웁니다.
  ・800원 : 500원짜리 동전이 2개이면 1000원이 되므로 500원짜리 동전을 한 개 지웁니다.
  나머지 동전으로 300원을 만들어야 하므로 100원짜리 동전 1개를 지웁니다.

3 100부터 199까지의 백의 자리 숫자는 1이므로 팔린드롬 수가 되려면 일의 자리 숫자도 1이어야 합니다. 따라서 1□1의 모양입니다.
  ⇨ 101, 111, 121, 131, 141, 151, 161, 171, 181, 191(10개)

**도전! 최상위 유형** 32~33쪽

| 1 480 | 2 12개 |
|---|---|
| 3 21개 | 4 12개 |

**32**쪽

**1** 수 카드에 적힌 수 중 8을 제외한 수의 크기를 비교하면 0<4<6입니다.
0은 백의 자리에 올 수 없으므로 가장 작은 수를 만들 때 백의 자리에 올 수 있는 숫자는 4이고 일의 자리 숫자는 0이 됩니다. ⇨ 480

**2** 백의 자리 숫자가 1인 경우:
100, 101, 110, 111, 120, 121
⇨ 6개
백의 자리 숫자가 2인 경우:
200, 201, 210, 211, 220, 221
⇨ 6개
따라서 세 자리 수는 모두 12개입니다.

**3** • 백의 자리 숫자가 1인 경우 일의 자리 숫자는 2입니다.
이때 십의 자리 숫자는 2, 3, 4, 5, 6, 7, 8, 9가 될 수 있으므로 8개입니다.
• 백의 자리 숫자가 2인 경우 일의 자리 숫자는 1입니다.
이때 십의 자리 숫자는 3, 4, 5, 6, 7, 8, 9가 될 수 있으므로 7개입니다.
• 백의 자리 숫자가 3인 경우 일의 자리 숫자는 0입니다.
이때 십의 자리 숫자는 4, 5, 6, 7, 8, 9가 될 수 있으므로 6개입니다.
따라서 조건을 만족하는 세 자리 수는 모두 8+7+6=21(개)입니다.

**4** 세 수의 크기를 비교해 보면 ㉠>㉡>㉢입니다.
㉠ 100이 6개, 10이 19개인 수 ⇨ 790
㉢ 200부터 50씩 8번 뛰어 센 수는
200, 250, 300, 350, 400, 450, 500, 550, 600으로 600입니다.
따라서 수 카드로 600보다 크고 790보다 작은 세 자리 수를 만들면 657, 658, 675, 678, 685, 687, 756, 758, 765, 768, 785, 786으로 12개입니다.

# 2 여러 가지 도형

## 1 단계 기초 문제

37쪽

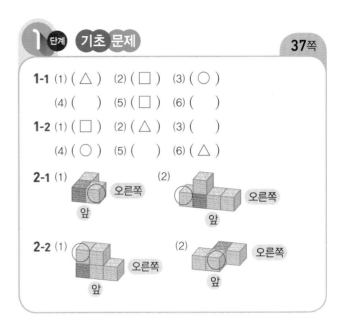

**1-1** (1) ( △ )  (2) ( □ )  (3) ( ○ )
(4) (   )  (5) ( □ )  (6) (   )
**1-2** (1) ( □ )  (2) ( △ )  (3) (   )
(4) ( ○ )  (5) (   )  (6) ( △ )
**2-1** (1) 오른쪽 / 앞  (2) 오른쪽 / 앞
**2-2** (1) 오른쪽 / 앞  (2) 오른쪽 / 앞

## 2 단계 기본 유형

38~43쪽

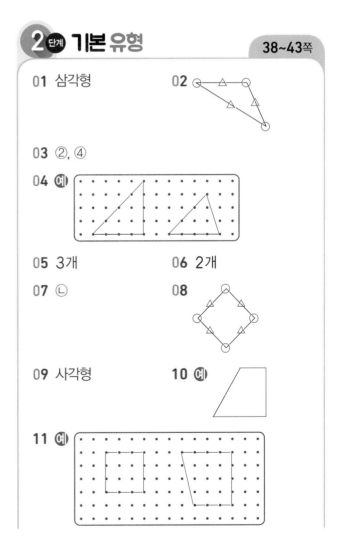

**01** 삼각형   **02**
**03** ②, ④
**04** 예)
**05** 3개   **06** 2개
**07** ㉡   **08**
**09** 사각형   **10** 예)
**11** 예)

**12** (위부터) 4, 3, 4
**13** ( )( ○ )( )
**14** ②
**15** 예

**16** 예

(삼각형 도형: ① ②)

**17** 예
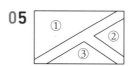
(도형: ⑤ ③ / ⑤ ③)

**18** 예
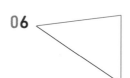
(도형: ⑦ ③ ⑤)

**19** ㉤
**20** 왼, 1
**21** 1, 뒤
**22** ( )( )( ○ )
**23** (점과 선 연결)
**24**
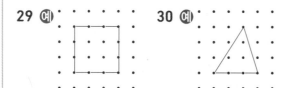
오른쪽 / 앞

**25** 4개
**26** 6개
**27** 3개
**28** 예 (점판에 사각형)

**29** 예 (점판에 정사각형)
**30** 예 (점판에 삼각형)

서술형 유형

**1-1** 3, 2
**1-2** 예 곧은 선들로 완전히 둘러싸이지 않고 뚫려 있기 때문에 사각형이 아닙니다.
**2-1** 5, 5, 9 ; 9
**2-2** 예 ㉠ 모양을 만드는 데 사용한 쌓기나무 수: 5개
㉡ 모양을 만드는 데 사용한 쌓기나무 수: 5개
⇨ 5+5=10(개) ; 10개

---

**38쪽**

**01** 곧은 선 3개로 둘러싸인 도형을 삼각형이라고 합니다.

**02** 곧은 선을 변, 두 곧은 선이 만나는 점을 꼭짓점이라고 합니다.
삼각형은 변이 3개, 꼭짓점이 3개입니다.

**03** ① 삼각형에는 굽은 선이 없습니다.
③ 삼각형에는 뾰족한 부분이 3개 있습니다.
⑤ 삼각형에는 변이 3개 있습니다.

**04** 3개의 점을 선택하여 모양이 다른 삼각형을 그려 봅니다.

**05**

(사각형 속 삼각형: ① ② ③)

삼각형은 ①, ②, ③으로 모두 3개입니다.

**06**

(삼각형 도형)

삼각형은 변이 3개이므로 곧은 선 2개를 더 그어야 합니다.

**39쪽**

**07** 곧은 선 4개로 둘러싸인 도형을 사각형이라고 합니다.

**08** 곧은 선을 변이라 하고 사각형의 변은 모두 4개입니다.
또 두 곧은 선이 만나는 점을 꼭짓점이라 하고 사각형의 꼭짓점은 모두 4개입니다.

**09** 곧은 선으로 둘러싸여 있고 변과 꼭짓점이 각각 4개인 도형은 사각형입니다.

**10** 곧은 선을 3개 더 그어 끊어진 부분이 없도록 사각형을 그립니다.

**11** 점 4개를 이어 그립니다.

**12** 삼각형은 변이 3개, 꼭짓점이 3개입니다.
사각형은 변이 4개, 꼭짓점이 4개입니다.

### 40쪽

**13** 동그란 모양의 도형을 찾습니다.

**14** ② 원의 크기는 다를 수 있습니다.

**16** ①, ② 두 조각의 길이가 같은 변끼리 이어 붙여 삼각형을 만들어 봅니다.

**17** ③, ⑤ 두 조각의 길이가 같은 변끼리 이어 붙여 사각형을 2가지 만들어 봅니다.

**18** 예
 ,  ,
조각의 크기를 생각하여 모양을 채웁니다.

### 41쪽

**19** ㉡에서 찾은 쌓기나무는 빨간색 쌓기나무의 왼쪽에 있는 쌓기나무입니다.

**22** 쌓기나무의 수는 차례로 4개, 4개, 5개입니다.

### 42쪽

**25**

(4개)

**왜 틀렸을까?** 변이 3개인 도형은 삼각형입니다.

**26**
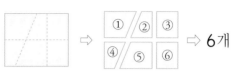
⇨ 6개

**왜 틀렸을까?** 변이 4개인 도형은 사각형입니다.

**27**

삼각형: ②, ③, ⑥, ⑦, ⑧, ⑨ ⇨ 6개
사각형: ①, ④, ⑤ ⇨ 3개
⇨ 6-3=3(개)

**왜 틀렸을까?** 변이 3개인 도형은 삼각형, 변이 4개인 도형은 사각형입니다.

**28** 사각형 안에 점이 1개 있도록 그립니다.
**왜 틀렸을까?** 점 1개를 기준으로 변이 4개인 도형을 그려 봅니다.

**29** 사각형 안에 점이 4개 있도록 그립니다.
**왜 틀렸을까?** 점 4개를 기준으로 변이 4개인 도형을 그려 봅니다.

**30** 삼각형 안에 점이 3개 있도록 그립니다.
**왜 틀렸을까?** 점 3개를 기준으로 변이 3개인 도형을 그려 봅니다.

### 43쪽

**1-2** 서술형 가이드 변이 연결되어 있지 않고 뚫려 있다는 의미가 있어야 합니다.

**채점 기준**

| | |
|---|---|
| 상 | 뚫린 부분을 정확히 알고 까닭을 조리 있게 씀. |
| 중 | 뚫린 부분 때문에 사각형이 안 된다는 것을 알고 있으나 표현이 부족함. |
| 하 | 까닭을 알지 못함. |

**2-2** 서술형 가이드 두 모양의 쌓기나무의 개수를 각각 구한 다음 더한 수를 바르게 써야 합니다.

**채점 기준**

| | |
|---|---|
| 상 | 두 모양의 쌓기나무의 수를 세어 답을 바르게 씀. |
| 중 | 두 모양 중 한 개의 쌓기나무의 수만 바르게 세어 답이 틀림. |
| 하 | 두 모양 모두 쌓기나무의 수를 세지 못함. |

## 3 <sup>단계</sup> 유형 <sup>단원</sup> 평가

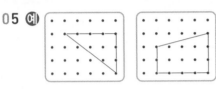

44~47쪽

**01** ⑤  **02** (1) ○ (2) ✕

**03** 2개  **04** 4개

**05** 예

**06** 사각형에 ○표

**07** ㉢

**08** ( ○ )( 　 )( ○ )( 　 )

**09** 원

**10** 예

**11** 예

**12** 가운데, 위

**13** ③

**14** ②, ④

**15** 삼각형, 4 ; 사각형, 1

**16** 예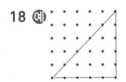

**17** 0개

**18** 예

**19** 예 ㉠ 모양은 1층에 3개, 2층에 1개로 4개가 필요합니다.
㉡ 모양은 1층에 4개, 2층에 1개로 5개가 필요합니다.
따라서 쌓기나무는 모두 4+5=9(개)가 필요합니다. ; 9개

**20** 예 원은 동그란 모양의 도형으로 곧은 선이 없어야 합니다.

**44쪽**

**01** ⑤는 꼭짓점입니다.

**02** (2) 삼각형에서 굽은 선은 있으면 안 됩니다.

**03** 왼쪽에서 두 번째, 세 번째 도형은 사각형입니다.
참고
왼쪽에서 첫 번째 도형은 원, 네 번째 도형은 삼각형입니다.

**04** 두 곧은 선이 만나는 점은 꼭짓점으로 사각형의 꼭짓점은 모두 4개입니다.

**05** 3개의 점을 이어 삼각형을 그리고, 4개의 점을 이어 사각형을 그립니다.

**06** 삼각형의 변은 3개, 사각형의 변은 4개입니다.

**45쪽**

**07** ㉠ 삼각형은 변이 3개, 사각형은 변이 4개입니다.
㉡ 삼각형은 꼭짓점이 3개, 사각형은 꼭짓점이 4개입니다.
㉢ 삼각형과 사각형은 곧은 선으로 둘러싸여 있어야 합니다.
㉣ 삼각형과 사각형은 굽은 선이 없습니다.

**08** 어느 방향에서 보아도 동그란 모양을 찾습니다.

**09** 원은 뾰족한 부분과 곧은 선이 없고 어느 쪽에서 보아도 똑같이 동그란 모양입니다.

**46쪽**

**13** ③ 위에 1개를 놓습니다.

**14** ① 1층: 2개, 2층: 1개 ⇨ 3개
② 1층: 3개, 2층: 1개 ⇨ 4개
③ 1층: 5개  ④ 1층: 4개  ⑤ 1층: 3개

**15**

①, ②, ③, ④ ⇨ 삼각형 **4**개
⑤ ⇨ 사각형 **|** 개

## **47**쪽

**16** 사각형 안에 점이 **5**개 있도록 그립니다.

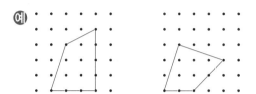

**17**

삼각형: ②, ④, ⑥ ⇨ **3**개
사각형: ①, ③, ⑤ ⇨ **3**개
⇨ **3−3=0**(개)

**왜 틀렸을까?** 변이 **3**개인 도형은 삼각형, 변이 **4**개인 도형은 사각형입니다.

**18** 삼각형 안에 점이 **6**개 있도록 그립니다.
**왜 틀렸을까?** 여러 삼각형을 그려 보면서 도형의 안쪽에 점이 **6**개가 되는 경우를 찾습니다.

**19** 서술형 가이드 두 모양의 쌓기나무의 개수를 각각 구한 다음 더한 수를 바르게 써야 합니다.

채점 기준

| | |
|---|---|
| 상 | 두 모양의 쌓기나무의 수를 세어 답을 바르게 씀. |
| 중 | 두 모양 중 한 개의 쌓기나무의 수만 바르게 세어 답이 틀림. |
| 하 | 두 모양 모두 쌓기나무의 수를 세지 못함. |

**20** 서술형 가이드 곧은 선 부분을 바르게 지적해야 합니다.

채점 기준

| | |
|---|---|
| 상 | 곧은 선 부분이 잘못 되었음을 알고 까닭을 조리 있게 씀. |
| 중 | 곧은 선 부분이 잘못 되었다는 것을 알고 있으나 표현이 부족함. |
| 하 | 까닭을 알지 못함. |

유형 **01** 5, 5, 3
**01** (1) **4**개  (2) **9**개
유형 **02** 2, 2, 3
**02** (1) **3**개  (2) **2**개  (3) **|** 개  (4) **6**개
유형 **03** 큰에 ○표
**03** 예

**04**

**05** 예 앞 바퀴는 원이라 잘 구를 수 있지만 뒷 바퀴는 사각형이라 잘 구르지 못할 것 같습니다.
**06** ㉡, ㉢

## **48**쪽

**01** (1) 삼각형: **3**개, 사각형: **6**개, 원: **2**개
⇨ **6−2=4**(개)
(2) 삼각형: **|** 개, 사각형: **3**개, 원: **|0**개
⇨ **|0−|=9**(개)

**왜 틀렸을까?** 삼각형은 변이 **3**개인 도형, 사각형은 변이 **4**개인 도형입니다.

**02**

(1) ①, ②, ③ ⇨ **3**개
(2) ①+②, ②+③ ⇨ **2**개
(3) ①+②+③ ⇨ **|** 개
(4) **3+2+|=6**(개)

**왜 틀렸을까?** 크고 작은 도형을 찾을 때에는 **|** 칸짜리, **2**칸짜리, **3**칸짜리, ...., 로 나누어 찾아봅니다.

## **49**쪽

**03**

**왜 틀렸을까?** 길이가 같은 변끼리 맞닿도록 조각을 맞춰 봅니다.

**04** 7조각을 한 번씩 사용하여 모양을 만들어 봅니다.

**왜 틀렸을까?** 길이가 같은 변끼리 맞닿도록 조각을 맞춰 봅니다.

**주의**

조각을 겹쳐 놓거나 여러 번 이용하지 않고 모양을 만들도록 합니다.

**05** **서술형 가이드** 잘 굴러가지 않을 것이라는 의미가 있어야 합니다.

**채점 기준**

| 상 | 잘 굴러가지 않을 것이라고 씀. |
|---|---|
| 중 | 의미 상 맞지만 표현이 부족함. |
| 하 | 답을 쓰지 못함. |

**06** ㉠ 빨간색 쌓기나무 위에는 쌓으면 안 됩니다.

**다르지만 같은유형** 50~51쪽

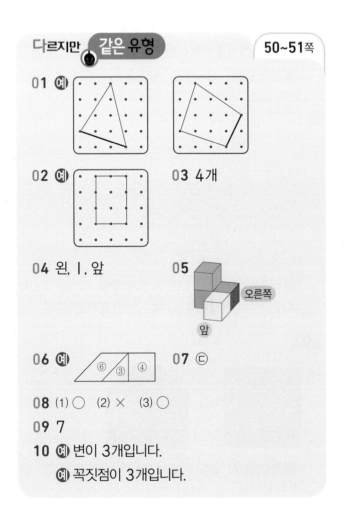

**01** 예

**02** 예 **03** 4개

**04** 원, 1, 앞 **05**

**06** 예 **07** ㉢

**08** (1) ○ (2) × (3) ○

**09** 7

**10** 예 변이 3개입니다.
예 꼭짓점이 3개입니다.

**50쪽**

**01~03** **핵심**

삼각형은 세 점을 곧은 선으로 연결한 도형이고 사각형은 네 점을 곧은 선으로 연결한 도형입니다.

**01** 세 점을 곧은 선으로 이어 삼각형을 그립니다. 네 점을 곧은 선으로 이어 사각형을 그립니다.

**02** 왼쪽 도형의 꼭짓점은 3개이므로 삼각형입니다. 오른쪽은 꼭짓점이 4개인 사각형을 그려야 합니다.

**03**

세 점을 곧은 선으로 이어 만들 수 있는 삼각형은 모두 4개입니다.

**참고**

네 점 중 세 점을 골라야 하므로 남은 점은 1개입니다. 남은 점 1개가 어떤 점인지 생각하면 세 점을 쉽게 알 수 있습니다.

**04~05** **핵심**

빨간색 쌓기나무를 기준으로 여러 방향을 알아봅니다.

**04** 내가 보고 있는 쪽이 앞쪽이고, 오른손이 있는 쪽이 오른쪽입니다.

**51쪽**

**06~07** **핵심**

변의 길이가 같은 조각끼리 이어 붙여 모양을 만들어 봅니다.

**07** ㉠          ㉡

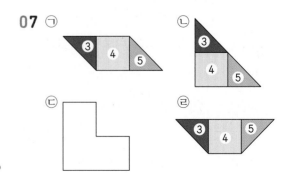

㉢          ㉣

08~09 **핵심**
삼각형: 변 3개, 꼭짓점 3개
사각형: 변 4개, 꼭짓점 4개
원: 변 0개, 꼭짓점 0개

08 ⑵ 원은 꼭짓점이 없습니다.
⑶ 동전은 원 모양입니다.

09 ●=4, ▲=3 ⇨ 4+3=7

10 **서술형가이드** 삼각형의 특징은 곧은 선으로 둘러싸
여 있고 변이 3개, 꼭짓점이 3개입니다.

채점 기준

| 상 | 특징 2가지를 바르게 씀. |
| 중 | 특징 1가지를 바르게 씀. |
| 하 | 특징을 하나도 쓰지 못함. |

**응용유형**  52~55쪽

01 ㉡   02 사각형, 4개
03 예
04 ㉡, 1개
05 예
06 5개   07 ㉡, ㉣
08 삼각형, 8개   09 8개
10 예
11 7   12 ㉡, 2개
13 예
14 7개   15 6개
16 예

**52쪽**

01 ㉠ 1층에 3개, 2층에 1개, 3층에 1개
㉡ 1층에 3개, 2층에 2개
㉢ 1층에 3개, 2층에 1개
따라서 설명을 만족하는 모양은 ㉡입니다.

02  ⇨  ⇨
⇨ 사각형, 4개

03 사각형은 정답처럼 놓아야 합니다.
두 삼각형은 위치가 바뀌어도 됩니다.

**53쪽**

04 ㉠: 1층에 3개, 2층에 1개가 쌓여 있으므로
㉠ 모양의 쌓기나무의 수는 3+1=4(개)
입니다.
㉡: 1층에 3개, 2층에 1개, 3층에 1개가 쌓
여 있으므로 ㉡ 모양의 쌓기나무의 수는
3+1+1=5(개)입니다.
따라서 ㉡이 5-4=1(개) 더 많습니다.

05 예
변과 꼭짓점이 4개인 도형이 4개가 되도록
선을 긋습니다.

06
도형 1개짜리: ①, ②, ③ ⇨ 3개
도형 2개짜리: ①+② ⇨ 1개
도형 3개짜리: ①+②+③ ⇨ 1개
따라서 크고 작은 삼각형은 모두
3+1+1=5(개)입니다.

**54쪽**

07  설명을 만족하는 모양을 모두 찾아 기호를 쓰시오.

❶1층에 4개, /❷2층에 1개 있습니다.

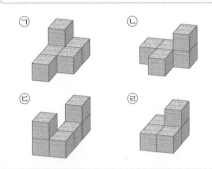
ㄱ  ㄴ
ㄷ  ㄹ

❶ 1층에 4개가 쌓인 모양을 찾습니다.
❷ ❶에서 찾은 모양 중 2층에 1개가 쌓인 모양을 찾습니다.

❶ 1층에 4개인 도형은 ㄴ, ㄷ, ㄹ입니다.
❷ 이 중 2층에 1개인 도형은 ㄴ, ㄹ입니다.

08  종이를 그림과 같이 접었습니다. ❹접은 선을 따라 자르면 어떤 도형이 몇 개 만들어집니까?

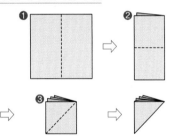

❶ 종이를 반으로 접었을 때의 선을 긋습니다.
❷ 종이를 반으로 접은 모양에서 또 반으로 접었을 때의 선을 그어 봅니다.
❸ ❷에서 종이를 비스듬히 접었을 때의 선을 그어 봅니다.
❹ 접은 선을 따라 자르면 어떤 도형이 몇 개 생기는지 구합니다.

 ⇨  ⇨ 삼각형 8개

09

삼각형 8개로 만든 모양입니다.

10❶세 조각을 모두 이용하여 /❷삼각형을 만들어 보시오.

❶ 세 조각을 모두 이용해야 합니다.
❷ 사각형을 중심으로 삼각형을 어느 위치에 놓아야 삼각형이 되는지 생각해 봅니다.

사각형의 위치를 먼저 생각해 본 후 삼각형을 채웁니다.

11  ■=4, ▲=3, ●=0이므로
■+▲+●=7입니다.

**55쪽**

12  ㉠과 ㉡ 중 ❶어느 모양이 쌓기나무가 / ❷몇 개 더 많습니까?

㉠  ㉡

❶ 각 층별로 쌓기나무의 수를 세어 봅니다.
❷ 어느 모양이 쌓기나무가 몇 개 더 많은지 구합니다.

❶㉠은 4개, ㉡은 6개로 쌓았으므로
❷㉡이 2개 더 많습니다.

13  사각형을 잘라 ❷사각형을 6개씩 만들려고 합니다. /❷2가지 방법으로 선을 그어 보시오.

❶ 선을 그어 사각형을 만들어 봅니다.
❷ 다른 방법으로 선을 그어 사각형을 만들어 봅니다.

변과 꼭짓점이 4개인 도형이 6개가 되도록 선을 긋습니다.

**14**

선을 따라 자르면 삼각형과 사각형이 각각 1개 씩 생깁니다.
삼각형의 변은 3개, 사각형의 변은 4개이므로 생긴 두 도형의 변은 모두 3+4=7(개)입니다.

**15** 문제 분석

**15** ❶도형에서 찾을 수 있는 크고 작은 삼각형은 / ❷모두 몇 개 입니까?

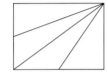

❶ 도형 1개, 2개로 이루어진 삼각형을 각각 세어 봅니다.
❷ 찾은 삼각형은 모두 몇 개인지 구합니다.

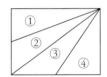

❶도형 1개짜리: ①, ②, ③, ④ ⇨ 4개
도형 2개짜리: ①+②, ③+④ ⇨ 2개
❷따라서 크고 작은 삼각형은 모두 4+2=6(개)입니다.

주의

• 도형 3개짜리 도형은 ①+②+③, ②+③+④입니다. 이때 두 도형 모두 삼각형이 아닙니다.
• 도형 4개짜리 도형은 ①+②+③+④입니다. 이때 이 도형은 사각형이 아닙니다.

**16**

5조각을 사용하여 사각형을 만들려면 크기가 큰 ①, ② 조각은 사용할 수 없습니다.
(③, ④, ⑤, ⑥, ⑦) 조각을 이용하여 사각형을 만들어 봅니다.

사고력 유형 　56~57쪽

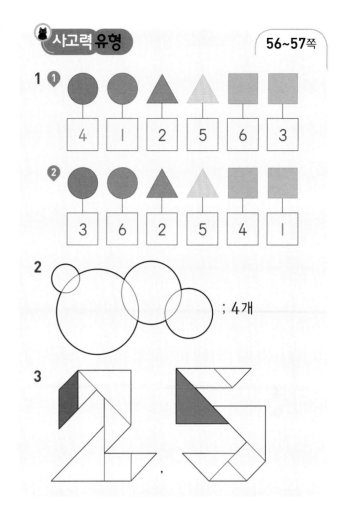

; 4개

**56쪽**

**1** 위에 놓인 도형 때문에 가려지는 부분을 생각해 봅니다. 맨 위에 있는 도형은 가려지는 부분이 없습니다.
모양과 색깔을 구별하여 번호를 씁니다.

**57쪽**

**2**

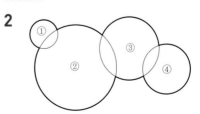

①, ②, ③, ④로 4개입니다.

**3** 칠교판의 7조각을 모두 한 번씩 이용하여 숫자를 완성합니다.

도전! 최상위 유형   58~59쪽

**1** 2개    **2** 16개
**3** 8개    **4** 32

## 58쪽

**1** 모양을 만드는 데 필요한 쌓기나무의 수는
1층에 6개, 2층에 1개, 3층에 1개이므로
6+1+1=8(개)입니다.
따라서 쌓기나무 10개로 모양을 만들고 남은
쌓기나무는 10−8=2(개)입니다.

**2** 종이를 한 번씩 접을 때마다 접힌 선을 점선으
로 나타내면 다음과 같습니다.

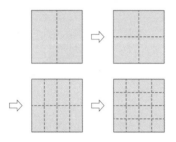

따라서 종이를 4번 접었다 펼친 후 접힌 선을
따라 모두 자르면 사각형은 모두 16개 만들어
집니다.

## 59쪽

**3**
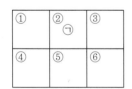

• ㉠을 포함하는 작은 사각형 1개로 이루어진
  사각형: ②

• ㉠을 포함하는 작은 사각형 2개로 이루어진
  사각형: ①②, ②③, ②⑤

• ㉠을 포함하는 작은 사각형 3개로 이루어진
  사각형: ①②③

• ㉠을 포함하는 작은 사각형 4개로 이루어진
  사각형: ①②④⑤, ②③⑤⑥

• ㉠을 포함하는 작은 사각형 6개로 이루어진
  사각형: ①②③④⑤⑥

**4** 맞닿는 두 면의 눈의 수의 합이 가장 작으려면
한 면만 맞닿는 주사위는 눈의 수가 1인 면이
맞닿아야 합니다.

맞닿는 왼쪽과 오른쪽
두 옆면의 눈의 수의 합 : 7

맞닿는 오른쪽          맞닿는 왼쪽
옆면의 눈의 수 : 1      옆면의 눈의 수 : 1

따라서 맞닿는 모든 면의 눈의 수의 합이 가장
작을 때, 눈의 수는 다음과 같습니다.

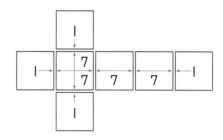

• 한 면만 맞닿는 곳의 눈의 수의 합:
  1+1+1+1=4
• 마주 보는 두 면이 맞닿는 곳의 눈의 수의
  합: 7+7+7+7=28
맞닿는 모든 면의 눈의 수의 합이 가장 작게 만
들었을 때, 맞닿는 모든 면에 있는 눈의 수의
합은 4+28=32입니다.

# 3 덧셈과 뺄셈

## 1 단계 기초 문제

63쪽

**1-1**
(1)
```
    ①
    4 9
  +   8
  ⑤ ⑦
```
(2)
```
    ①
    5 9
  + 2 4
  ⑧ ⑤
```

(3)
```
    ①
    5 7
  + 6 1
  ① ① ⑧
```
(4)
```
  ① ①
    7 2
  + 6 9
  ① ④ ①
```

**1-2**
(1)
```
  ⑤ 10
  6̷ 2
  −   8
  ⑤ ④
```
(2)
```
  ⑥ 10
  7̷ 0
  − 2 3
  ④ ⑦
```

(3)
```
  ⑦ 10
  8̷ 1
  − 5 7
  ② ④
```
(4)
```
  ⑤ 10
  6̷ 3
  − 2 5
  ③ ⑧
```

**2-1** (1) 9, 9  (2) 13, 8 / 13, 8
**2-2** (1) 12, 12  (2) 8, 14 / 6, 14

**1-1** 같은 자리 수끼리의 합이 10이거나 10을 넘으면 바로 위의 자리로 받아올림하여 위에 작게 1로 쓰고 받아올림하고 남은 수를 내려 씁니다.

**1-2** 일의 자리 수끼리 뺄 수 없으면 십의 자리에서 받아내림하여 십의 자리 수를 /로 지우고 1만큼 더 작은 수를 작게 씁니다. 받아내림한 수는 일의 자리 위에 작게 10이라고 쓰고 일의 자리끼리 계산하여 일의 자리에 씁니다.

**2-1** ●+▲=■  ⇨  ┌ ■−●=▲
                 └ ■−▲=●

      ●−▲=■  ⇨  ┌ ▲+■=●
                 └ ■+▲=●

## 2 단계 기본 유형

64~71쪽

**01** $29+9=29+1+8$
      $=30+8=38$

**02** 방법1 52, 82   방법2 4, 12, 82

**03** (1) 41  (2) 96   **04** ㉠

**05** 36살   **06** (1) 70  (2) 65

**07** (위부터) 45, 50   **08** 108

**09** (선 잇기)      **10** 101

**11** 163번

**12** $93-7=93-3-4$
      $=90-4=86$

**13** 방법1 7, 7, 23   방법2 40, 23

**14** (1) 18  (2) 83

**15** ( )( ○ )

**16** 민규, 16개

**17** (1) 77  (2) 4

**18** (선 잇기)

**19** 41

**20** (1) 27  (2) 29

**21**
```
    8 2
  − 6 7
    1 5
```

**22** 진우, 4개     **23** (1) 59  (2) 46

**24** 29

**25** $72-33+15=54$ / 54개

**26** 71 / 43 / 43, 28

**27** 48 / 48 / 25, 48, 73

**28** 92      **29** $8+□=12$ / 4

**30** 14, 14      **31** (1) 9  (2) 5

**32** ㉢, ㉣, ㉠      **33** 11개

**34** 37      **35** 121

**36** 102      **37** 91

**38** (위부터) 4, 7      **39** (위부터) 6, 2

**40** 90, 49

서술형 유형

**1-1** 29, 61, 61, 45 ; 45

**1-2** 예 (17명이 탄 후 버스에 타고 있는 사람 수)
= 26+17=43(명)
(29명이 내린 후 버스에 타고 있는 사람 수)
= 43−29=14(명) ; 14명

**2-1** 9, 9, 6, 6 ; 6

**2-2** 예 할머니 댁에 드린 고구마 수를 □라고 하면
52−□=28, 52−28=□, □=24입니다.
⇨ 할머니 댁에 드린 고구마는 24개입니다.
; 24개

**64쪽**

**01** 78이 80이 되도록 9를 2와 7로 가르기하여
2를 먼저 더한 후 7을 더한 방법입니다.
⇨ 29가 30이 되도록 9를 1과 8로 가르기
하여 1을 먼저 더한 후 8을 더합니다.

**02** 방법1 54에서 2를 28로 옮기면 54는 52가
되고 28은 30이 됩니다.

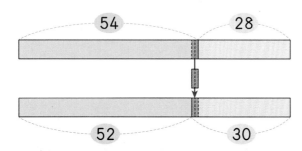

방법2 28을 20과 8로 가르기하고 54를 50
과 4로 가르기합니다.

**03** 일의 자리에서 받아올림한 1을 십의 자리에서
계산합니다.

(1)
```
    1
    3 3
  +   8
  ─────
    4 1
```

(2)
```
    1
    8 9
  +   7
  ─────
    9 6
```

**04** ㉠ 18+8=26  ㉡ 22+3=25
⇨ 26>25

**05** (건우의 나이)+27=(삼촌의 나이)
⇨ 9+27=36(살)

**65쪽**

**06** (1)
```
    1
    2 5
  + 4 5
  ─────
    7 0
```

(2)
```
    1
    3 8
  + 2 7
  ─────
    6 5
```

**07**
```
    1
    2 7
  + 1 8
  ─────
    4 5 ,
```
```
    1
    2 7
  + 2 3
  ─────
    5 0
```

**08**
```
    1
      2 2
  + 8 6
  ─────
  1 0 8
```

**09**
```
  1 1
    2 4
  + 8 7
  ─────
  1 1 1 ,
```
```
    1
    9 0
  + 1 6
  ─────
  1 0 6
```

**10** 원: 38, 63 ⇨
```
    1 1
    3 8
  + 6 3
  ─────
  1 0 1
```

**11** 어제 넘은 줄넘기 횟수와 오늘 넘은 줄넘기 횟
수를 더합니다.
⇨ 76+87=163(번)

**66쪽**

**12** 93이 90이 되도록 7을 3과 4로 가르기하여
3을 먼저 뺀 후 4를 뺍니다.

**13** 방법1 37을 30과 7로 가르기합니다.
방법2 60보다 3만큼 더 큰 수에서 37보다 3만
큼 더 큰 수를 뺀다고 생각합니다.

**14** 십의 자리에서 10을 받아내림하여 계산합니다.

(1)
```
    1 10
    2̸ 3
  −   5
  ─────
    1 8
```

(2)
```
    8 10
    9̸ 1
  −   8
  ─────
    8 3
```

**15**
```
    7 10
    8̸ 2
  −   7
  ─────
    7 5 ,
```
```
    7 10
    8̸ 6
  −   9
  ─────
    7 7
```
⇨ 75<77

**16** 24>8이므로 민규는 소미보다
24−8=16(개) 더 많이 땄습니다.

### 67쪽

**17** 십의 자리에서 받아내림하여 계산합니다.

(1)
```
   8 10
   9̸ 0
 − 1 3
   7 7
```
(2)
```
   2 10
   3̸ 0
 − 2 6
     4
```

**18**
```
   4 10
   5̸ 0
 − 1 5
   3 5 ,
```
```
   6 10
   7̸ 0
 − 3 6
   3 4
```

**19** 60>35>19 ⇨ 60−19=41

**20** (1) 35<62이므로 두 수의 차는
62−35=27입니다.
(2) 48>19이므로 두 수의 차는
48−19=29입니다.

**21** 십의 자리에서 받아내림한 수를 생각하지 않고
계산했습니다.

**22** 42>38이므로 진우가 42−38=4(개) 더
많이 했습니다.

### 68쪽

**23** (1) 41−14+32=27+32=59
(2) 52+19−25=71−25=46

**24** 25+19−15=44−15=29

**25** 72−33+15=39+15=54(개)

**26** 28+43=71
⇨ 71−28=43, 71−43=28

**27**
```
   6 10
   7̸ 3
 − 2 5
   4 8
```

**28** 64−28=36
⇨ 36+28=64, 28+36=64
ㄱ             ㄴ
ㄱ=28, ㄴ=64
⇨ ㄱ+ㄴ=28+64=92

### 69쪽

**29** 더 가져온 구슬의 수를 □로 하여 덧셈식으로
나타냅니다.
⇨ 8+□=12, 12−8=□, □=4

**30** □−9=5, 9+5=□, □=14

**31** (1) □+2=11 ⇨ 11−2=□, □=9
(2) 10−□=5 ⇨ 10−5=□, □=5

**32** ㄱ 10−□=6, 10−6=□, □=4
ㄴ 6+□=12, 12−6=□, □=6
ㄷ □+8=15, 15−8=□, □=7

**33** 은주와 동생이 먹은 귤의 수를 □라고 하면
20−□=9, 20−9=□, □=11입니다.

**34** 민정이가 들고 있는 모르는 수를 □라고 하면
□+48=85, 85−48=□, □=37입니다.

### 70쪽

**35** 5>4>3>1이므로 만들 수 있는 가장 큰 수
는 54입니다.
⇨ 54+67=121

**36** 2<4<5<6이므로 만들 수 있는 가장 작은
수는 24입니다.
⇨ 24+78=102

**37** 7>6>5>1이므로 만들 수 있는 가장 큰 수는 76입니다.

1<5<6<7이므로 만들 수 있는 가장 작은 수는 15입니다.

⇨ 76+15=91

**왜 틀렸을까?** 높은 자리에 큰 수부터 놓아 가장 큰 두 자리 수를 만들면 76입니다.

높은 자리에 작은 수부터 놓아 가장 작은 두 자리 수를 만들면 15입니다.

**38**
$$\begin{array}{r} ⊙\ 4 \\ -\quad 7 \\ \hline 3\ ⓛ \end{array}$$
10+4-7=7, ⓛ=7
⊙-1=3, ⊙=4

**39**
$$\begin{array}{r} ⊙\ 1 \\ -\ 1\ ⓛ \\ \hline 4\ 9 \end{array}$$
10+1-ⓛ=9, ⓛ=2
⊙-1-1=4, ⊙=6

**40**
$$\begin{array}{r} 9\ ⊙ \\ -\ ⓛ\ 9 \\ \hline 4\ 1 \end{array}$$
10+⊙-9=1, ⊙=0
9-1-ⓛ=4, ⓛ=4
⇨ 두 수는 90과 49입니다.

**왜 틀렸을까?** 몇에서 9를 빼어 1이 되는 수는 10입니다. 따라서 십의 자리에서 받아내림이 있는 경우로 생각합니다.

## 71쪽

**1-2** 서술형 가이드 26과 17의 합을 구한 다음 29를 빼는 풀이 과정이 들어 있어야 합니다.

채점 기준

| | |
|---|---|
| 상 | 26과 17의 합을 구한 다음 29를 빼어 구했음. |
| 중 | 26과 17의 합을 구했지만 29를 빼지 못함. |
| 하 | 26과 17의 합도 구하지 못함. |

**2-2** 서술형 가이드 할머니 댁에 드린 고구마 수를 □로 하여 식을 세우고 답을 구할 수 있는지 확인합니다.

채점 기준

| | |
|---|---|
| 상 | □를 사용하여 식을 바르게 세우고 답을 구함. |
| 중 | □를 사용하여 식을 바르게 세웠으나 계산에서 실수함. |
| 하 | □를 사용하여 식을 세우지 못함. |

**01** 6, 13, 63

**02** (1)
$$\begin{array}{r} \boxed{1} \\ 4\ 2 \\ +\ 1\ 9 \\ \hline \boxed{6}\ 1 \end{array}$$
(2)
$$\begin{array}{r} \boxed{6}\ \boxed{10} \\ \cancel{7}\ 3 \\ -\ 2\ 6 \\ \hline \boxed{4}\ \boxed{7} \end{array}$$

**03** 31명

**04** (선 잇기)

**05** 141

**06** 84-36=84-30-6
=54-6=48

**07** 38

**08** (선 잇기)

**09** 18개

**10** ⓛ

**11** 52명

**12** 39 / 23, 62 / 39, 62

**13** 9개

**14** (선 잇기)

**15** 112

**16** (위부터) 0, 2

**17** 153

**18** 49, 68

**19** 예 (사탕 15개를 준 후 가지고 있는 사탕 수)
=62-15=47(개)
(사탕 8개를 받은 후 가지고 있는 사탕 수)
=47+8=55(개)
; 55개

**20** 예 더 모아야 하는 우표 수를 □라고 하면
48+□=60(장), 60-48=□, □=12입니다.
⇨ 붙임딱지가 60장이 되려면 12장을 더 모아야 합니다. ; 12장

## 72쪽

**01** 27을 20과 7로 가르기하고, 36을 30과 6으로 가르기합니다.

**02** 받아올림과 받아내림에 주의하여 계산합니다.

**03** (남학생 수)+(여학생 수)=(전체 학생 수)
⇨ 13+18=31(명)

**04**
$$\begin{array}{r} \overset{1}{3}\,7 \\ +\ 2\,4 \\ \hline 6\,1 \end{array}, \quad \begin{array}{r} \overset{1}{4}\,9 \\ +\ 1\,8 \\ \hline 6\,7 \end{array}$$

**05**
$$\begin{array}{r} \overset{1\ 1}{5\,9} \\ +\ 8\,2 \\ \hline 1\,4\,1 \end{array}$$

### 73쪽

**06** 36을 30과 6으로 가르기하여 84에서 30을 빼고 6을 뺍니다.

**07** 45>26>7이므로
가장 큰 수: 45, 가장 작은 수: 7
⇨ 45-7=38

**08**
$$\begin{array}{r} \overset{3}{\cancel{4}}\,\overset{10}{0} \\ -\ 2\,3 \\ \hline 1\,7 \end{array}, \quad \begin{array}{r} \overset{5}{\cancel{6}}\,\overset{10}{0} \\ -\ 3\,7 \\ \hline 2\,3 \end{array}$$

**09** 민지네 모둠은 지우네 모둠보다 화살
52-34=18(개)를 더 넣었습니다.

**10** ㉠=73-36+15=37+15=52
㉡=25+37-9=62-9=53
⇨ ㉡>㉠

### 74쪽

**11** 56-17+13=39+13=52(명)

**12** 62-23=39
⇨ 39+23=62, 23+39=62

**13** 아영이가 먹은 만두 수를 □라고 하면
14-□=5, 14-5=□, □=9입니다.
⇨ 아영이가 먹은 만두는 9개입니다.

**14** 12+□=36 ⇨ □=24,
□+11=32 ⇨ □=21,
□+7=59 ⇨ □=52,
□-5=16 ⇨ □=21,
36-□=12 ⇨ □=24,
□-19=33 ⇨ □=52

**15** 6>3>2>0이므로 만들 수 있는 가장 큰 수는 63입니다.
⇨ 63+49=112

### 75쪽

**16**
$$\begin{array}{r} 6\,㉠ \\ -\ ㉡\,5 \\ \hline 3\,5 \end{array} \qquad 10+㉠-5=5,\ ㉠=0$$
$$6-1-㉡=3,\ ㉡=2$$

**17** 9>7>6>5이므로 만들 수 있는 가장 큰 수는 97입니다.
5<6<7<9이므로 만들 수 있는 가장 작은 수는 56입니다.
⇨ 97+56=153

**왜 틀렸을까?** 높은 자리에 큰 수부터 놓아 가장 큰 두 자리 수를 만들면 97입니다.
높은 자리에 작은 수부터 놓아 가장 작은 두 자리 수를 만들면 56입니다.

**18**
$$\begin{array}{r} ㉠\,9 \\ +\ 6\,㉡ \\ \hline 1\,1\,7 \end{array}$$
9+㉡=17, ㉡=8
일의 자리와 십의 자리에서 받아올림이 있으므로 ㉠+6+1=11, ㉠=4입니다.

**왜 틀렸을까?** 9와 몇을 더하여 7이 되는 수는 없으므로 9와 몇을 더하여 17이 되는 수를 생각합니다.
따라서 일의 자리에서 받아올림이 있는 경우로 생각합니다.

**19** 서술형 가이드  62와 15의 차를 구한 다음 8을 더하는 풀이 과정이 들어 있어야 합니다.

채점 기준

| 상 | 62와 15의 차를 구한 다음 8을 더하여 구했음. |
|---|---|
| 중 | 62와 15의 차를 구했지만 8을 더하지 못함. |
| 하 | 62와 15의 차도 구하지 못함. |

**20** 서술형 가이드  더 모아야 하는 우표 수를 □로 하여 식을 세우고 답을 구할 수 있는지 확인합니다.

채점 기준

| 상 | □를 사용하여 식을 바르게 세우고 답을 구함. |
|---|---|
| 중 | □를 사용하여 식을 바르게 세웠으나 계산에서 실수함. |
| 하 | □를 사용하여 식을 세우지 못함. |

## 잘 틀리는 실력 유형  76~77쪽

유형 **01**  +●, +▲, ●−▲, ●−■

**01** 52          **02** 28          **03** 60

유형 **02**  27, 92

**04** 79                    **05** 23

유형 **03**  44, 37, 44, 37

**06** 29, 47          **07** 4가지

**08** $47-6-5=36$, $47-6-6=35$
$47-8-5=34$, $47-8-6=33$   식의 순서는 바뀌어도 됨.

**09**
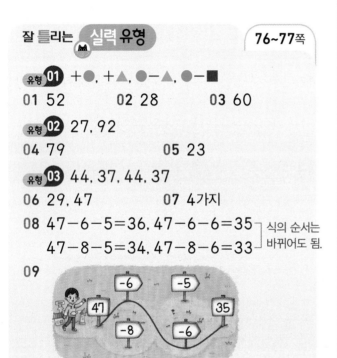

### 76쪽

**01** $\square-7=45 \Rightarrow 45+7=\square$, $\square=52$

왜 틀렸을까?  덧셈과 뺄셈의 관계를 이용하여 모르는 수가 계산의 결과가 되는 다른 식으로 나타낼 수 있어야 합니다.

**02** $\square+14=42 \Rightarrow 42-14=\square$, $\square=28$

왜 틀렸을까?  덧셈과 뺄셈의 관계를 이용하여 모르는 수가 계산의 결과가 되는 다른 식으로 나타낼 수 있어야 합니다.

**03** $\square-29=31 \Rightarrow 31+29=\square$, $\square=60$

왜 틀렸을까?  덧셈과 뺄셈의 관계를 이용하여 모르는 수가 계산의 결과가 되는 다른 식으로 나타낼 수 있어야 합니다.

**04** 어떤 수를 □라고 하면 $\square-15=49$, $49+15=\square$, $\square=64$입니다.
⇨ (바르게 계산한 값)$=64+15=79$

왜 틀렸을까?  어떤 수를 □로 하여 잘못 계산한 식을 만들어 어떤 수를 구한 다음 바르게 계산해야 합니다.

**05** 어떤 수를 □라고 하면 $\square+34=91$, $91-34=\square$, $\square=57$입니다.
⇨ (바르게 계산한 값)$=57-34=23$

왜 틀렸을까?  어떤 수를 □로 하여 잘못 계산한 식을 만들어 어떤 수를 구한 다음 바르게 계산해야 합니다.

### 77쪽

**06** 일의 자리 수끼리 합이 6이거나 16인 두 수를 찾으면 (18, 38), (29, 47)입니다.
⇨ $18+38=56$ (×), $29+47=76$ (○)
두 수를 바꾸어 더해도 계산 결과는 같으므로 $47+29=76$도 답이 됩니다.

왜 틀렸을까?  받아올림이 있는 경우를 생각하여 일의 자리 수끼리 합이 16인 경우도 생각해야 합니다.

**07**  • 47, −6, −5, 35를 지납니다.
 • 47, −6, −6, 35를 지납니다.
 • 47, −8, −5, 35를 지납니다.
 • 47, −8, −6, 35를 지납니다.
⇨ 진우가 갈 수 있는 길은 4가지입니다.

**08** 길을 따라 계산식을 만듭니다. 세 수의 계산은 앞에서부터 두 수씩 차례로 계산합니다.

**09** $47-6-6=35$이므로 47에서 35가 쓰인 곳까지 가려면 47, −6, −6, 35를 지납니다.

## 다르지만 😊 같은 유형

78~79쪽

01 28

02 18

03 36

04 1, 2, 3

05 29

06 73

07 73−46=27 ; 27마리

08 85−38=47 ; 47그루

09 92−29=63 ; 63

10 61          11 65

12 34−16+23=41 ; 41개

## 78쪽

**01~03** 핵심

모르는 수를 □로 하여 식을 세우고 덧셈과 뺄셈의 관계를 이용하여 답을 구합니다.

01 57−29=□, □=28

02 45+□=63
⇨ 63−45=□, □=18

03 재이가 뽑은 수 중에서 모르는 수를 □라고 하면 14+□=50입니다.
⇨ 50−14=□, □=36

**04~06** 핵심

>와 < 자리에 =을 넣었을 때 □에 알맞은 수를 먼저 알아보고 그보다 큰 수가 들어갈 수 있는지, 작은 수가 들어갈 수 있는지 알아봅니다.

04 92−①4=78>52
92−②4=68>52
92−③4=58>52
92−④4=48<52
⋮
⇨ □ 안에 들어갈 수 있는 수는 1, 2, 3입니다.

05 62−34=28이므로 20에서 29까지의 수 중에서 34와의 합이 62보다 큰 수는 28보다 큰 수입니다.
⇨ 20에서 29까지의 수 중에서 □ 안에 들어갈 수 있는 수는 29입니다.

06 28+46=74이므로 □ 안에 74보다 작은 수 73, 72, 71, …이 들어갈 수 있습니다.
⇨ □ 안에 들어갈 수 있는 수 중에서 가장 큰 수는 73입니다.

## 79쪽

**07~09** 핵심

남은 것을 세는 경우, 몇 개 더 많은지 세는 경우, 차를 구하는 경우 모두 뺄셈을 이용합니다.

07 공원에 있던 참새 수에서 날아간 참새 수를 뺍니다.
⇨ 참새 73−46=27(마리)가 남았습니다.

08 사과나무 수에서 배나무 수를 뺍니다.
⇨ 사과나무는 배나무보다
85−38=47(그루) 더 많습니다.

09 9와 2를 한 번씩 사용하여 만들 수 있는 두 자리 수는 92와 29입니다.
⇨ 92−29=63

서술형 가이드 삼각형에 쓰인 수 2와 9로 만들 수 있는 두 자리 수 29와 92의 차를 구합니다.

**채점 기준**

| 상 | 삼각형에 쓰인 수로 두 자리 수를 만들고 두 수의 차를 구함. |
|---|---|
| 중 | 삼각형에 쓰인 수로 두 자리 수를 만들었지만 두 수의 차를 구하지 못함. |
| 하 | 삼각형에 쓰인 수로 두 자리 수를 만들지 못함. |

**10~12** 핵심

세 수의 계산은 앞에서부터 차례로 계산합니다.

10 56−29+34=27+34=61

11 48+34−17=82−17=65

**12** 서술형 가이드 상황에 맞게 식을 세워 답을 구할 수 있는지 확인합니다.

**채점 기준**

| 상 | 문제에 맞게 식을 세워 답을 바르게 구함. |
| --- | --- |
| 중 | 문제에 맞게 식은 세웠으나 계산 과정에 실수가 있어 답이 틀림. |
| 하 | 문제에 맞게 식을 세우지 못하여 답을 구하지 못함. |

## 응용 유형
80~83쪽

| | |
| --- | --- |
| **01** 86장 | **02** 65, 49 |
| **03** 37 | **04** 2개 |
| **05** 75 | |

**06**

| 계산 결과가 가장 큰 식 | 계산 결과가 가장 작은 식 |
| --- | --- |
| $\begin{array}{r} 9\ 8 \\ -\ 1\ 5 \\ \hline 8\ 3 \end{array}$ | $\begin{array}{r} 9\ 1 \\ -\ 8\ 5 \\ \hline 6 \end{array}$ |

| | |
| --- | --- |
| **07** 48 | **08** 수현, 8회 |
| **09** 66 | **10** 25, 57 |
| **11** 19 | **12** 51 |
| **13** 141 | **14** 22 |
| **15** 8, 9 | |
| **16** 67, 19, 86 (또는 19, 67, 86) /<br>뺄셈식 86−19=67, 86−67=19 | |
| **17** 96 | **18** 71, 63, 8 |

### 80쪽

**01** (현우의 딱지 수)=50−3=47(장)
(다빈이의 딱지 수)=(현우의 딱지 수)−8
=47−8=39(장)
⇨ (두 사람의 딱지 수)=47+39=86(장)

**02** 두 수를 6㉠과 ㉡9라고 하면 6㉠+㉡9=114입니다.

$\begin{array}{r} 6\ ㉠ \\ +\ ㉡\ 9 \\ \hline 1\ 1\ 4 \end{array}$　㉠+9=14, ㉠=5
1+6+㉡=11, ㉡=4
⇨ 두 수는 65와 49입니다.

**03** ▲의 일의 자리 숫자는 7이므로 ▲=□7이라고 하면

$\begin{array}{r} □\ 7 \\ +\ \ \ 8 \\ \hline 4\ 5 \end{array}$　일의 자리 계산에서
7+8=15이므로
십의 자리 계산은
1+□=4, □=3입니다.
따라서 ▲는 37입니다.

### 81쪽

**04** 54−7+11=47+11=58
□=0일 때, 58<60−0=60 (○),
□=1일 때, 58<60−1=59 (○),
□=2일 때, 58<60−2=58 (×), …
⇨ □ 안에 들어갈 수 있는 수는 0, 1로 모두 2개입니다.

**05** 58+6=64 → ▲=64
29−●=21 → 29−21=8, ●=8
91−5−■=86−■=83
→ 86−83=■, ■=3
⇨ ▲+●+■=64+8+3=72+3=75

**06** 계산 결과가 가장 크려면 십의 자리 수의 차를 크게, 계산 결과가 가장 작으려면 십의 자리 수의 차를 작게 합니다.

### 82쪽

07 문제 분석

**07** 수 카드를 한 번씩 사용하여 두 자리 수를 만들려고 합니다. 만들 수 있는 수 중에서 ❶가장 큰 수와 / ❷28의 차를 구하시오.

3　6　5　7

❶ 수 카드 중에서 가장 큰 수를 십의 자리에 놓고 둘째로 큰 수를 일의 자리에 놓아 가장 큰 수를 만듭니다.
❷ ❶에서 만든 수와 28의 차를 구합니다.

❶7>6>5>3이므로 만들 수 있는 가장 큰 수는 76입니다.
❷따라서 76과 28의 차를 구하면 76−28=48입니다.

08 수현: $18+35+28=53+28=81$(회)
민지: $25+29+19=54+19=73$(회)
⇨ $81>73$이므로 수현이가 $81-73=8$(회)
더 많이 했습니다.

09 **문제 분석**

09 규칙에 따라 계산하여 ★을 구하시오.

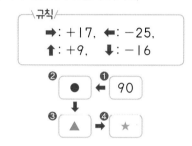

❶ 90부터 시작하여 규칙을 따라 계산합니다.
❷ 90에서 25를 빼어 ●를 구합니다.
❸ ●에서 16을 빼어 ▲를 구합니다.
❹ ▲에서 17을 더하여 ★을 구합니다.

❶90부터 시작하여 규칙을 따라 계산합니다.
❷●$=90-25=65$
❸▲$=65-16=49$
❹★$=49+17=66$

10 두 수를 2㉠과 ㉡7이라고 하면
2㉠+㉡7$=82$입니다.

$\begin{array}{r} 2\ ㉠ \\ +\ ㉡\ 7 \\ \hline 8\ 2 \end{array}$  ㉠+7$=12$, ㉠$=5$
$1+2+㉡=8$, ㉡$=5$
⇨ 두 수는 25와 57입니다.

11 **문제 분석**

11 계산이 맞도록 ☐ 안에 알맞은 수를 써넣으시오.
❶$8+27+$☐$=54$
❷
❶ $8+27$을 먼저 계산합니다.
❷ $35+$☐$=54$에서 ☐에 알맞은 수를 구합니다.

❶$8+27+$☐$=35+$☐$=54$입니다.
❷$35+$☐$=54$에서 $54-35=$☐, ☐$=19$입니다.

12 **문제 분석**

12 조건에 맞는 ▲를 구하시오.
❶ •▲는 두 자리 수입니다.
•▲의 십의 자리 숫자는 5입니다.
❷ •▲$-18$의 일의 자리 숫자는 3입니다.

❶ ▲는 두 자리 수이고 십의 자리 숫자가 5이므로 5☐라고 나타냅니다.
❷ 5☐$-18=$★3에서 ☐에 알맞은 수를 구합니다.

❶▲의 십의 자리 숫자는 5이므로 ▲$=5$☐라고 나타낼 수 있습니다.
❷5☐$-18=$★3입니다.
1부터 9까지의 수 중에서 8을 빼어 3이 되는 수는 없으므로 십의 자리에서 받아내림이 있습니다.

$\begin{array}{r} {}^{4}\ {}^{10} \\ 5\ ☐ \\ -\ 1\ 8 \\ \hline 3\ 3 \end{array}$  일의 자리 계산에서
☐$=0$이면
$10+0-8=2$ (×),
☐$=1$이면
$10+1-8=3$ (○)입니다.

따라서 ▲$=51$입니다.

## 83쪽

13 **문제 분석**

13❷조건에 맞는 수들의 합을 구하시오.
❶ •35보다 크고 62보다 작습니다.
•일의 자리 수가 7입니다.

❶ 35보다 크고 62보다 작은 수 중에서 일의 자리 수가 7인 수를 찾습니다.
❷ ❶에서 구한 수들의 합을 구합니다.

❶35보다 크고 62보다 작은 수 중에서 일의 자리 수가 7인 수는 37, 47, 57입니다.
❷37, 47, 57의 합을 구하면
$37+47+57=84+57=141$입니다.

14 $40-19=21$, $72-49=23$
⇨ $21<$☐$<23$이므로 ☐ 안에 알맞은 수는 22입니다.

**15** 문제 분석

**15** ❶0부터 9까지의 수 중에서 □ 안에 들어갈 수 있는 수를 모두 쓰시오.

$$❷34+1\square>51$$

❶ 0부터 9까지의 수 중에서 하나의 수를 정해 □ 안에 넣어 계산하면 계산 결과가 51보다 큰지 알아봅니다.
❷ 34+1□>51을 만족하려면 □는 ❶에서 정한 수보다 큰 수여야 하는지, 작은 수여야 하는지 알아봅니다.

❶□=5일 때 34+15=49이고 51보다 작습니다.

❷34+1□가 51보다 커야 하므로 □ 안에 5보다 큰 수를 넣어 봅니다.

$34+16=50>51$ (×),
$34+17=51>51$ (×),
$34+18=52>51$ (○),
$34+19=53>51$ (○)

⇨ □ 안에 들어갈 수 있는 수는 8과 9입니다.

**16** 덧셈식을 먼저 만들고 덧셈과 뺄셈의 관계를 이용해 뺄셈식을 씁니다.

**17** 문제 분석

**17** 어떤 수는 얼마인지 구하시오.

❶어떤 수보다 19 작은 수는 /
❷53과 24의 합과 같습니다.

❶ 어떤 수를 □로 하여 식으로 나타냅니다.
❷ □−19=53+24에서 53과 24의 합을 구한 다음 □를 구합니다.

❶어떤 수를 □라고 하면 □−19=53+24입니다.

❷53+24=77이므로 □−19=77이고 77+19=□, □=96입니다.

**18** 차가 가장 작으려면 십의 자리의 차가 가장 작게 두 수를 만들어야 하므로 만들 수 있는 두 수는 71과 63입니다.

---

🐱 **사고력** 유형  84~85쪽

**1** 예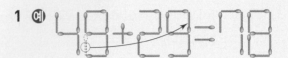

**2** 37

**3** ❶ 14
  ❷ 14+ⓒ=33 (또는 29+ⓒ=48)
  ❸ 33−14=ⓒ (또는 48−29=ⓒ) ; 19

**84쪽**

**1** 8에 있는 성냥개비 하나를 5로 옮기면 8은 9가 되고 5도 9가 됩니다. ⇨ 49+29=78

**2** ▲+▲=52 ⇨ 26+26=52, ▲=26
  ★+26=45 ⇨ 45−26=★, ★=19
  19+■=30 ⇨ 30−19=■, ■=11
  ■+▲=11+26=37

**85쪽**

**3** ❶ 29+33−㉠=48, 62−㉠=48,
    62−48=㉠, ㉠=14
  ❷ ㉠+ⓒ=33 ⇨ 14+ⓒ=33
  ❸ 14+ⓒ=33을 뺄셈식으로 나타내면
    33−14=ⓒ입니다. ⇨ ⓒ=19

---

도전! **최상위** 유형  86~87쪽

**1** 10          **2** 115, 61
**3** (1) +, −   (2) −, +   **4** 5

**86쪽**

**1** • 80−59=80−60+㉠
    80에서 60을 빼고 1을 더하는 방법이므로 ㉠=1입니다.
  • 80−59=80−50−ⓒ
    80에서 50을 먼저 빼고 9를 빼는 방법이므로 ⓒ=9입니다.
  ⇨ ㉠+ⓒ=1+9=10

**2** • 합이 가장 크려면 십의 자리에 큰 수를 놓습니다.

⇨ 64+51=115 또는 61+54=115

• 합이 가장 작으려면 십의 자리에 작은 수를 놓습니다.

⇨ 15+46=61 또는 16+45=61

## 87쪽

**3** (1) 49, 37, 56에서 일의 자리 수만을 계산하면 다음과 같습니다.

9+7+6=22 (×), 9+7−6=10 (○),

9−7+6=8 (×),

9−7−6=2−6 → 12−6=6 (×)

⇨ ○ 안에 +, −를 차례로 넣어서 계산하면 49+37−56=30입니다.

(2) 72, 46, 38에서 일의 자리 수만을 계산하면 다음과 같습니다.

2+6+8=16 (×), 2+6−8=0 (×),

2−6+8 → 12−6+8=6+8=14 (○),

2−6−8 → 12−6−8=6−8

→ 16−8=8 (×)

⇨ ○ 안에 −, +를 차례로 넣어서 계산하면 72−46+38=64입니다.

**4** •
```
  ● 3
− 5 ●
─────
  ▲ 4
```
3에서 어떤 수를 빼어 4가 나올 수 없으므로 십의 자리에서 받아내림이 있습니다.

일의 자리: 13−●=4

십의 자리: ●−1−5=▲

●=13−4=9이고 ▲=9−1−5=3입니다.

•
```
  ■ 3
+ ■ ■
─────
1 ◆ 0
```
▲=3이고 3에 어떤 수를 더해 0이 나올 수 없으므로 일의 자리에서 받아올림이 있습니다.

일의 자리: 3+■=10

십의 자리: ■+■+1=1◆

■=10−3=7이고 7+7+1=15이므로 ◆=5입니다.

# 4 길이 재기

**1** 단계 **기초 문제**     91쪽

1-1 (1) 7 (2) 4

1-2 (1) 5 (2) 2

2-1 (1) 3번 (2) 약 3 cm

2-2 (1) 4번 (2) 약 4 cm

**2** 단계 **기본 유형**     92~97쪽

01 준우 ; 예 ㉠과 ㉡을 직접 맞대어 비교할 수 없으므로 종이띠로 ㉠과 ㉡의 길이만큼 본뜬 다음 서로 맞대어 길이를 비교합니다.

02 ㉠     03 3뼘, 7뼘

04 냉장고     05 필통

06 4 cm, 4 센티미터     07 (그림)

08 7     09 ( )( )( ○ )

10 6 cm, 6 센티미터     11 5 cm, 5 센티미터

12 4 cm, 3 cm     13 6 cm, 4 cm

14 (1) 8 cm (2) 약 8 cm

15 약 4 cm     16 약 7 cm

17

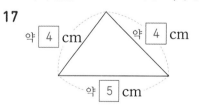

약 4 cm   약 4 cm   약 5 cm

18 선영     19 예 약 4 cm, 4 cm

20 예 5 cm     21 (그림)

22 ( ○ )( )     23 수학책

24 열쇠     25 16 cm

**26**

| 사탕 | 6 cm | 딱풀 | 11 cm |
|---|---|---|---|
| 지우개 | 5 cm | 옷핀 | 3 cm |

**27** 6 cm

**서술형 유형**

**1-1** 9, 9 / 약 9 cm

**1-2** 예 연필의 한쪽 끝을 자의 눈금 2에 맞추었고 다른 쪽 끝은 10에 가깝기 때문에 1 cm가 8번쯤 들어갑니다. 연필의 길이는 8 cm에 가깝습니다. / 약 8 cm

**2-1** 필통, 필통, / 주호

**2-2** 예 1 cm와 뼘 중 더 긴 단위는 뼘입니다. 같은 횟수로 재었으므로 단위의 길이가 더 긴 뼘으로 잰 줄이 더 깁니다.
따라서 더 긴 줄을 가지고 있는 사람은 은서입니다. / 은서

### 92쪽

**02** 종이띠의 왼쪽 끝이 맞추어져 있으므로 오른쪽 끝이 더 많이 나간 ㉠의 길이가 더 깁니다.

**03** 국자의 길이는 3뼘이고, 우산의 길이는 7뼘입니다.

**04** 길이를 잰 단위는 뼘으로 모두 같으므로 뼘으로 잰 횟수가 가장 많은 것이 가장 깁니다.
⇨ 35>20>12이므로 냉장고가 가장 깁니다.

**05** 똑같은 길이를 잴 때 단위의 길이가 짧을수록 많이 재어야 합니다.
⇨ 6<7으로 필통으로 잰 횟수가 더 많으므로 필통의 길이가 더 짧습니다.

### 93쪽

**06** 1 cm가 4번 ⇨ 4 cm (4 센티미터)

**07** 1 cm가 ■번 ⇨ ■ cm
■ cm는 ■ 센티미터라고 읽습니다.

**08** 1 cm가 ■번이면 ■ cm이고, ■ 센티미터라고 읽습니다.
㉠=4, ㉡=3 ⇨ ㉠+㉡=4+3=7

**09** 클립의 한끝을 자의 눈금 0에 맞추고 다른 끝이 가리키는 눈금을 읽습니다.

**10** 왼쪽 끝이 자의 눈금 0에 맞추어져 있고, 오른쪽 끝이 자의 눈금 6에 있으므로 6 cm입니다.

**11** 크레파스의 길이는 자의 눈금 2부터 7까지 1 cm가 5번이므로 5 cm입니다.

### 94쪽

**12** 화초의 키를 재어 보면 바다는 4 cm이고, 지온이는 3 cm입니다.

**13** 선의 길이를 위부터 차례로 재어 보면 4 cm, 6 cm, 5 cm입니다.
⇨ 6>5>4이므로 가장 긴 선의 길이는 6 cm이고 가장 짧은 선의 길이는 4 cm입니다.

**14** ② 8 cm에 가깝기 때문에 포크의 길이는 약 8 cm입니다.

**15** 1 cm가 4번쯤 들어가므로 약 4 cm입니다.

**16** 7 cm에 가깝기 때문에 연필의 길이는 약 7 cm입니다.

### 95쪽

**17** 자의 눈금 0을 변의 한쪽 끝에 맞춘 다음 다른 쪽 끝의 눈금을 읽습니다.
길이가 자의 눈금 사이에 있을 때는 가까이에 있는 숫자를 읽으며 약을 붙여 씁니다.

**18** 나무 막대의 한끝이 8 cm에 가깝지만 3 cm부터 재었기 때문에 약 5 cm입니다.

**19** 1 cm가 몇 번쯤 들어가는지 셉니다.

**20** 가 막대가 4 cm이므로 4 cm보다 길게 어림해 봅니다.

**21** 100원짜리 동전은 약 2 cm, 국자는 약 20 cm, 편지 봉투는 약 15 cm입니다.

### 96쪽

**22** 칠판의 긴 쪽의 길이는 더 긴 단위인 뼘으로 재는 것이 더 적은 횟수로 잴 수 있습니다.

**23** 클립과 지우개는 짧아서 많이 재어야 하므로 불편합니다.

**24** 붓은 우산보다 길이가 짧기 때문에 우산으로 재면 길이를 알기 어렵습니다.
따라서 붓의 길이보다 짧은 열쇠를 단위로 사용하는 것이 좋습니다.

**왜 틀렸을까?** 단위의 길이가 길면 적은 횟수로 잴 수 있지만 단위의 길이가 재려는 길이보다 더 길면 길이를 잴 수 없으므로 붓의 길이를 재는 데 우산은 적절하지 않습니다.

**25** 볼펜의 길이는 16칸으로 1 cm가 16번입니다.
볼펜의 길이는 16 cm입니다.

**26** 사탕: 6칸 → 6 cm
딱풀: 11칸 → 11 cm
지우개: 5칸 → 5 cm
옷핀: 3칸 → 3 cm

**27** 선의 길이는 1 cm 6번이므로 6 cm입니다.

**왜 틀렸을까?** 선의 길이는 1 cm가 몇 번인지 알면 모눈종이 위에 있는 선의 길이도 쉽게 알 수 있습니다.

### 97쪽

**1-1** 숟가락의 길이는 9 cm에 가깝기 때문에 약 9 cm입니다.

**1-2** 연필의 길이는 8 cm에 가깝기 때문에 약 8 cm입니다.

**서술형 가이드** 물건의 한쪽 끝이 자의 눈금 0에 맞추어져 있지 않을 때 1 cm가 몇 번쯤인지 세어 길이를 바르게 잴 수 있는지 확인합니다.

**채점 기준**

| | |
|---|---|
| 상 | 답을 바르게 쓰고 이유를 바르게 설명함. |
| 중 | 답을 바르게 썼으나 이유 설명이 미흡함. |
| 하 | 답을 바르게 쓰지 못하고 이유를 설명하지 못함. |

**2-1** 같은 횟수로 재었을 때 단위의 길이가 길수록 전체 길이는 더 깁니다.
⇨ 필통과 클립 중 더 긴 단위는 필통이므로 필통으로 5번 잰 줄의 길이가 더 깁니다.

**2-2** 같은 횟수로 재었을 때 단위의 길이가 길수록 전체 길이는 더 깁니다.
⇨ 뼘과 1 cm 중 더 긴 단위는 뼘이므로 뼘으로 17번 잰 줄의 길이가 더 깁니다.

**서술형 가이드** 같은 횟수로 재었을 때 단위의 길이가 길수록 전체 길이가 더 길다는 내용이 들어 있어야 합니다.

**채점 기준**

| | |
|---|---|
| 상 | 1 cm와 뼘의 길이를 비교하여 답을 씀. |
| 중 | 답은 맞았으나 설명이 미흡함. |
| 하 | 답을 쓰지 못함. |

**3** 단계 **유형 평가** (단원)  **98~101쪽**

| | |
|---|---|
| **01** ( ○ )<br>( ) | **02** 9번 |
| **03** 세탁기 | **04** 5 cm, 5 센티미터 |
| **05** ㉡ | **06** ㉢ |
| **07** ✕ | **08** 16 cm |

**09** 6 cm, I cm      **10** 약 6 cm

**11** 약 4 cm      **12** 약 7 cm

**13** 예 약 7 cm, 7 cm

**14** (1) I40 cm   (2) I cm   (3) 50 cm

**15** 뼘      **16** I7 cm

**17** 지우개      **18** I I cm

**19** 예 클립의 한쪽 끝을 자의 눈금 0에 맞추었고 다른 쪽 끝은 3에 가깝기 때문에 클립의 길이는 3 cm에 가깝습니다. / 약 3 cm

**20** 예 딱풀과 리코더 중 더 긴 단위는 리코더입니다. 같은 횟수로 재었으므로 단위의 길이가 더 긴 리코더로 잰 줄이 더 깁니다. 따라서 더 긴 줄을 가지고 있는 사람은 민서입니다. / 민서

## 98쪽

**01** 종이띠의 왼쪽 끝을 맞추었으므로 오른쪽 끝이 더 많이 나간 것이 더 깁니다.
⇨ ㉠이 ㉡보다 더 깁니다.

**02** 교과서의 길이는 지우개로 9번입니다.

**03** 길이를 잰 단위는 리코더로 모두 같으므로 리코더로 잰 횟수가 더 많은 것이 더 깁니다.
⇨ 5>3이므로 세탁기가 더 깁니다.

**04** I cm가 5번 ⇨ 5 cm(5 센티미터)

**05** 색 테이프의 한끝을 자의 눈금 0에 맞춘 후 색 테이프의 다른 끝에 있는 자의 눈금을 읽습니다.

## 99쪽

**06** I cm가 3번 ⇨ 3 cm(3 센티미터)

**07** • I cm가 3번이므로 3 cm입니다.
• I cm가 2번이므로 2 cm입니다.
• 5 cm

**08** 긴 변의 길이: 6 cm, 짧은 변의 길이: 2 cm
(네 변의 길이의 합)=6+2+6+2=I6 (cm)
└─(긴 변의 길이)+(짧은 변의 길이)
+(긴 변의 길이)+(짧은 변의 길이)

**09** 선의 길이를 자로 재어 비교해 보면 가장 긴 선은 6 cm이고 가장 짧은 선은 I cm입니다.

**10** 6 cm에 가깝기 때문에 고추의 길이는 약 6 cm입니다.

**11** I cm가 4번쯤 들어가므로 약 4 cm입니다.

## 100쪽

**12** 7 cm에 가깝기 때문에 연필의 길이는 약 7 cm입니다.

참고
'약 몇 cm'의 길이가 같다고 해서 실제 길이도 같은 것은 아닙니다. 약 몇 cm로 나타낸 길이는 자의 눈금에서 가장 가까운 눈금으로 나타낸 길이이기 때문입니다.

**13** I cm가 몇 번쯤 들어가는지 세어 길이를 어림합니다.

**14** (1) 주어진 길이 중 2학년 어린이의 키로 알맞은 것은 I40 cm입니다.
(2) 엄지손톱의 너비로 알맞은 것은 I cm입니다.
(3) 책가방은 책이 들어갈 수 있어야 하므로 책가방의 높이로 알맞은 것은 50 cm입니다.

**15** 딱풀과 지우개는 짧아서 많이 재어야 하므로 불편합니다.

## 101쪽

**16** 연필: I7칸 → I7 cm,
크레파스: 7칸 → 7 cm,
색연필: 5칸 → 5 cm,
지우개: 5칸 → 5 cm,
사인펜: 8칸 → 8 cm
⇨ 가장 긴 물건은 연필이고 연필의 길이는 I7 cm입니다.

**17** 필통은 리코더보다 길이가 짧기 때문에 리코더로 재면 길이를 알기 어렵습니다.
따라서 필통의 길이보다 짧은 지우개를 단위로 사용하는 것이 좋습니다.

**왜 틀렸을까?** 단위의 길이가 길면 적은 횟수로 잴 수 있지만 단위의 길이가 재려는 길이보다 더 길면 길이를 잴 수 없으므로 필통의 길이를 재는 데 리코더는 적절하지 않습니다.

**18** 선의 길이는 1 cm가 11번이므로 11 cm입니다.

**왜 틀렸을까?** 선의 길이는 1 cm가 몇 번인지 알면 모눈종이 위에 있는 선의 길이도 쉽게 알 수 있습니다.

**19** 서술형 가이드 물건의 한쪽 끝이 자의 눈금 0에 맞추어져 있을 때 1 cm가 몇 번쯤인지 세어 길이를 바르게 잴 수 있는지 확인합니다.

채점 기준

| 상 | 답을 바르게 쓰고 바르게 설명함. |
|---|---|
| 중 | 답을 바르게 썼으나 설명이 미흡함. |
| 하 | 답을 바르게 쓰지 못하고 설명하지 못함. |

**20** 서술형 가이드 같은 횟수로 재었을 때 단위의 길이가 길수록 전체 길이가 더 길다는 내용이 들어 있어야 합니다.

채점 기준

| 상 | 딱풀과 리코더의 길이를 비교하여 답을 씀. |
|---|---|
| 중 | 답은 맞았으나 설명이 미흡함. |
| 하 | 답을 쓰지 못함. |

잘 **틀**리는 🏰 **실력** 유형      102~103쪽

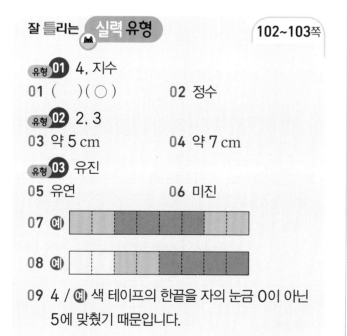

유형 **01** 4, 지수
**01** ( )( ○ )          **02** 정수
유형 **02** 2, 3
**03** 약 5 cm          **04** 약 7 cm
유형 **03** 유진
**05** 유연          **06** 미진

**07** 예

**08** 예

**09** 4 / 예 색 테이프의 한끝을 자의 눈금 0이 아닌 5에 맞췄기 때문입니다.

### 102쪽

**01** 오른쪽 모양은 모형 4개로 만든 모양입니다. 4<5이므로 모형 4개로 만든 모형보다 더 긴 모양은 모형 5개로 만든 모양입니다.

**왜 틀렸을까?** 각 모양을 만드는 데 사용한 모형의 개수를 세어 길이를 비교합니다.

**02** 모형의 수를 세어 보면
영수: 4개, 정수: 5개, 문선: 3개입니다.
⇨ 5>4>3이므로 가장 길게 연결한 사람은 정수입니다.

**왜 틀렸을까?** 각 모양을 만드는 데 사용한 모형의 개수를 세어 길이를 비교합니다.

**03** 1 cm가 5번쯤 들어가므로 약 5 cm입니다.

**왜 틀렸을까?** 머리핀의 길이는 자의 눈금 1부터 재었습니다.

**04** 초콜릿이 발라진 부분은 자의 눈금 2부터이고 1 cm가 7번쯤 들어가므로 약 7 cm입니다.

**왜 틀렸을까?** 막대 과자의 초콜릿이 발라진 부분의 길이는 자의 눈금 2부터 재었습니다.

### 103쪽

**05** 실제 길이와 어림한 길이의 차는
유연: 10−8=2 (cm),
정수: 10−6=4 (cm)이므로 유연이가 더 가깝게 어림했습니다.

**왜 틀렸을까?** 실제 길이와 어림한 길이의 차가 더 작은 사람을 알아봅니다.

**06** 실제 길이와 어림한 길이의 차가
미진: 8−7=1 (cm),
유리: 10−8=2 (cm),
지호: 8−5=3 (cm)이므로 미진이가 가장 가깝게 어림했습니다.

**왜 틀렸을까?** 실제 길이와 어림한 길이의 차가 가장 작은 사람을 알아봅니다.

**07** 막대의 길이의 합이 8 cm인 경우를 찾습니다.
2+4+2=8이므로 2 cm 막대 2개, 4 cm
막대 1개를 사용합니다.

**08** 막대의 길이의 합이 8 cm인 경우를 찾습니다.
1+1+2+4=8이므로 1 cm 막대 2개,
2 cm 막대 1개, 4 cm 막대 1개를 사용합니다.

### 다르지만 같은 유형 104~105쪽

| | |
|---|---|
| **01** 책상 | **02** ㉠ |
| **03** 가 | **04** 동호 |
| **05** 색연필 | **06** 아영 |
| **07** ㈏ | **08** (1) 5 (2) 6 |
| **09** 6 cm | **10** 수민 |

**11** ㉡, ㉠, ㉢ ; **예** 6 cm와 차이가 작을수록 잘 어림한 것이므로 차이가 작은 순서대로 씁니다. ㉠ 7 cm, ㉡ 6 cm, ㉢ 4 cm이므로 ㉡, ㉠, ㉢입니다.

### 104쪽

**01~03 핵심**
같은 단위로 길이를 재면 잰 횟수가 많을수록 길이가 더 깁니다.

**01** 5>4>3>2이므로 책상이 가장 깁니다.

**02** ㉠: 7칸, ㉡: 5칸, ㉢: 6칸 ⇨ ㉠>㉢>㉡

**03** 같은 횟수로 재었을 때 단위의 길이가 길수록 물건의 길이는 더 깁니다.
⇨ 뼘과 엄지손가락 너비 중 더 긴 단위는 뼘이므로 가가 나보다 더 깁니다.

**04~06 핵심**
단위의 길이가 짧을수록 더 많이 재어야 합니다.

**04** 11<15로 동호의 뼘으로 잰 횟수가 더 많으므로 동호의 뼘의 길이가 더 짧습니다.

**05** 14<23으로 색연필로 잰 횟수가 더 적으므로 색연필의 길이가 더 깁니다.

**06** 4<7<9으로 아영이가 가진 막대로 잰 횟수가 가장 적으므로 아영이가 가진 막대의 길이가 가장 깁니다.

### 105쪽

**07~09 핵심**
물건의 한쪽 끝부터 다른 쪽 끝까지 1 cm가 몇 번 들어가는지 세어 길이를 알아봅니다.

**07** ㈎: 연필의 길이는 자의 눈금 3부터 8까지 1 cm가 5번이므로 5 cm입니다.
㈏: 연필의 길이는 자의 눈금 5부터 11까지 1 cm가 6번이므로 6 cm입니다.
⇨ 6>5이므로 ㈏가 ㈎보다 더 깁니다.

**08** (1) 열쇠는 5 cm에 가까우므로 약 5 cm입니다.
(2) 머리핀은 6 cm에 가까우므로 약 6 cm입니다.

**09** 옷핀의 길이가 3 cm이므로 1 cm가 3번입니다. 자의 눈금 2부터 1 cm가 3번이면 옷핀의 오른쪽 끝은 5입니다.
⇨ 못의 길이는 자의 눈금 5부터 11까지 1 cm가 6번이므로 6 cm입니다.

**10~11 핵심**
실제 길이와 어림한 길이의 차가 작을수록 실제 길이에 더 가깝게 어림한 것입니다.

**10** 실제 길이와 어림한 길이의 차가
수민: 12-10=2 (cm),
주영: 15-12=3 (cm)이므로 수민이가 더 가깝게 어림했습니다.

**11** **서술형 가이드** 실제 길이와 어림한 길이의 차가 작을수록 어림을 잘했다는 것을 알고 있는지 확인합니다.

**채점 기준**

| | |
|---|---|
| 상 | 각각의 길이를 재어 어림을 잘한 순서를 쓰고 이유를 바르게 설명함. |
| 중 | 각각의 길이를 재어 어림을 잘한 순서를 썼으나 이유를 설명하지 못함. |
| 하 | 각각의 길이를 쟀으나 어림을 잘한 순서를 모르고 이유도 설명하지 못함. |

## 응용 유형

106~109쪽

01 지연　　　　　　02 4뼘
03 빨간색 테이프, 1 cm
04 기홍
05 ⑩ 약 12 cm, 12 cm
06 5 cm　　　　　　07 책꽂이
08 3번　　　　　　09 4번
10 혜지　　　　　　11 ㈏
12 11 cm　　　　　13 ㉢
14 ⑩ 약 11 cm, 11 cm
15 정은　　　　　　16 6 cm
17 20 cm

### 106쪽

01 막대 ㉮의 길이는 막대 ㉯의 길이로 2번이므로 지연이의 책상의 길이는 막대 ㉯로
2+2+2=6(번)입니다.
⇨ 6>5이므로 길이가 더 긴 책상은 지연이의 책상입니다.

02 화분의 높이: 8+8+8+8+8=40 (cm)
종환이의 한 뼘은 10 cm이고
10+10+10+10=40 (cm)이므로 화분의 높이는 종환이의 뼘으로 4뼘입니다.

03 빨간색 테이프의 길이는 1 cm가 5번이므로 5 cm이고, 파란색 테이프의 길이는 1 cm가 4번이므로 4 cm입니다.
⇨ 빨간색 테이프가 5-4=1 (cm) 더 깁니다.

### 107쪽

04 같은 횟수로 재었을 때 단위의 길이가 가장 긴 것이 전체적인 길이가 가장 깁니다.
1cm, 풀, 클립 중 가장 긴 단위는 풀입니다.

05 삼각형의 세 변의 길이를 자로 재어 보면
3 cm, 4 cm, 5 cm입니다.
⇨ 철사의 전체 길이는 3+4+5=12 (cm)입니다.

06 5일 동안 탄 양초의 길이:
3+3+3+3+3=15 (cm)
남은 양초의 길이: 20-15=5 (cm)

### 108쪽

07 막대 ㉯의 길이는 막대 ㉮의 길이로 3번이므로 책꽂이의 길이는 ㉮로 3+3+3=9(번)입니다.
⇨ 9>8이므로 길이가 더 긴 물건은 책꽂이입니다.

08 문제 분석

08 ❶민지의 끈의 길이는 이쑤시개로 4번이고, 현우의 끈의 길이는 이쑤시개로 12번입니다. / ❷현우의 끈의 길이는 민지의 끈의 길이로 몇 번입니까?

❶ 이쑤시개의 길이를 1이라고 생각하고 민지와 현우의 끈의 길이를 각각 알아봅니다.
❷ 민지의 끈의 길이로 몇 번 재면 현우의 끈의 길이가 나오는지 구합니다.

❶이쑤시개의 길이를 1이라고 하면, 민지의 끈의 길이는 4, 현우의 끈의 길이는 12입니다.
❷4+4+4=12이므로 현우의 끈의 길이는 민지의 끈의 길이로 3번입니다.

09 책상의 길이: 8+8+8=24 (cm)
머리핀의 길이는 6 cm이고
6+6+6+6=24 (cm)이므로 책상의 길이는 머리핀으로 4번입니다.

10 문제 분석

10 지우개의 길이는 7 cm이고, 크레파스의 길이는 9 cm입니다. ❸더 긴 줄을 가지고 있는 사람은 누구인지 쓰시오.

❶혜지: 지우개로 3번
❷수아: 크레파스로 2번

❶ 혜지의 줄의 길이를 구합니다.
❷ 수아의 줄의 길이를 구합니다.
❸ 혜지와 수아의 줄의 길이를 비교합니다.

❶혜지의 줄의 길이: 7+7+7=21 (cm)
❷수아의 줄의 길이: 9+9=18 (cm)
❸⇨ 21>18이므로 더 긴 줄을 가지고 있는 사람은 혜지입니다.

11 문제 분석

11 ❸초의 길이가 더 짧은 것은 어느 것입니까?

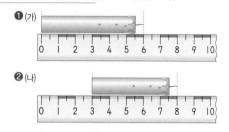

❶ ㈎의 길이를 재어 봅니다.
❷ ㈏의 길이를 재어 봅니다.
❸ ㈎와 ㈏의 길이를 비교합니다.

❶㈎: 6 cm

❷㈏: 자의 눈금 3부터 8까지 1 cm가 5번이므로 초의 길이는 5 cm입니다.

❸6>5이므로 ㈏가 ㈎보다 더 짧습니다.

12 선의 길이는 ㉮: 1 cm가 7번 → 7 cm,
    ㉯: 1 cm가 4번 → 4 cm, ㉰: 6 cm입니다.
    ⇨ 7+4=11 (cm)

## 109쪽

13 같은 횟수로 재었을 때 단위의 길이가 길수록 전체적인 길이가 깁니다.
    ⇨ 풀, 1 cm, 우산 중 가장 긴 단위는 우산이므로 가장 긴 것은 ㉢입니다.

14 문제 분석

14 철사를 사용하여 모양 ㉮와 ㉯를 만들었습니다. ❶㉮와 ㉯를 만드는 데 사용한 철사의 길이는 약 몇 cm인지 어림해 보고 / ❷직접 자로 재어 사용한 철사의 길이를 구하시오.

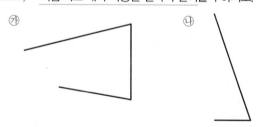

❶ ㉮를 만드는 데 사용한 철사의 길이와 ㉯를 만드는 데 사용한 철사의 길이를 각각 어림한 다음 그 합을 구합니다.
❷ ㉮와 ㉯를 직접 자로 재어 사용한 철사의 길이를 각각 구한 다음 그 합을 구합니다.

❶1cm가 몇 번쯤 들어가는지 세어 길이를 어림합니다.

❷㉮

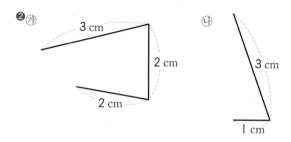

㉮: 3+2+2=7 (cm)
㉯: 3+1=4 (cm)
⇨ 만드는 데 사용한 철사의 길이는
    7+4=11 (cm)입니다.

15 철사의 전체 길이는 4+1+2=7 (cm)입니다.
    실제 길이와 어림한 길이의 차가
    정은: 8-7=1 (cm), 신의: 9-7=2 (cm),
    기동: 7-4=3 (cm)이므로 정은이가 가장 가깝게 어림했습니다.

16 3일 동안 탄 양초의 길이: 6+6+6=18 (cm)
    남은 양초의 길이: 24-18=6 (cm)

17 문제 분석

17 색 테이프 ㉮의 길이가 8 cm라면 색 테이프 ㉯의 길이는 몇 cm입니까? (단, 나무 막대의 길이는 각각 같습니다.)

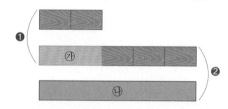

❶ ㉮의 길이는 나무 막대 2개의 길이와 같습니다.
❷ ㉯의 길이는 ㉮의 길이와 나무 막대 3개의 길이를 합한 것과 같습니다.

❶㉮의 길이는 나무 막대로 2번이고 8 cm이므로 나무 막대 한 개의 길이는 4 cm입니다.

❷㉯의 길이는 ㉮와 나무 막대 3개를 이은 것과 같으므로 나무 막대로 5번입니다.
    ⇨ ㉯의 길이는 4+4+4+4+4=20 (cm)입니다.

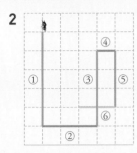

## 사고력 유형

110~111쪽

**1** 24 cm

**2**

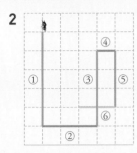

**3** ❶ 6 cm, 9 cm, 11 cm

　　❷ 13 cm　❸ 7가지

## 110쪽

**1** (민기가 잰 막대의 길이)=2+2+2=6 (cm)
　(은주가 잰 막대의 길이)=6+6+6=18 (cm)
　➪ 6+18=24 (cm)

**2** 개미 명령어에 따라 선을 긋습니다.
　① 아래쪽으로 (↓) 5 cm 선을 긋습니다.
　② 오른쪽으로 (→) 3 cm 선을 긋습니다.
　③ 위쪽으로 (↑) 4 cm 선을 긋습니다.
　④ 오른쪽으로 (→) 1 cm 선을 긋습니다.
　⑤ 아래쪽으로 (↓) 3 cm 선을 긋습니다.
　⑥ 왼쪽으로 (←) 2 cm 선을 긋습니다.

## 111쪽

**3** ❶ 2+4=6 (cm), 2+7=9 (cm),
　　4+7=11 (cm)
　❷ 2+4+7=13 (cm)
　❸ 막대 1개를 이용하여 잴 수 있는 길이
　　: 2 cm, 4 cm, 7 cm ➪ 3가지
　　막대 2개를 이용하여 잴 수 있는 길이
　　: 6 cm, 9 cm, 11 cm ➪ 3가지
　　막대 3개를 이용하여 잴 수 있는 길이
　　: 13 cm ➪ 1가지
　　따라서 모두 3+3+1=7(가지)입니다.

## 도전! 최상위 유형

112~113쪽

**1** 57 cm　　　**2** 3번
**3** 21 cm　　　**4** 12 cm

## 112쪽

**1** 파란색 삼각형이 빨간색 삼각형보다 각 변의
　길이가 2 cm씩 더 길므로 빨간색 삼각형의 한
　변의 길이는 21−2=19 (cm)입니다.

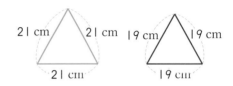

　➪ (빨간색 삼각형의 세 변의 길이의 합)
　　=19+19+19=38+19=57 (cm)

**2** 우산의 길이는 6 cm가 4번 있으므로
　6+6+6+6=24 (cm)입니다.
　24=8+8+8이므로 우산의 길이는 색 테이
　프로 3번 잰 것과 같습니다.

## 113쪽

**3** 오른쪽으로 4칸, 아래쪽으로 3칸 가는 것이
　㉠에서 ㉡까지 가는 가장 가까운 길이므로 모
　두 7칸을 가야 합니다.
　➪ ㉠에서 ㉡까지 가는 가장 가까운 길은 3 cm
　　가 7번이므로
　　3+3+3+3+3+3+3=21 (cm)입
　　니다.

**4** ㉠+㉡+7=27 (cm)이고 ㉠+㉡을 □ cm라
　하면 □+7=27 (cm),
　□=27−7=20 (cm)입니다.
　□=㉠+㉡=㉡+10+㉡=20,
　㉡+㉡+10=20, ㉡+㉡=10,
　5+5=10이므로 ㉡=5입니다.
　➪ 연필의 길이는 7+5=12 (cm)입니다.

# 5 분류하기

## 1단계 기초 문제 117쪽

1-1 ③ / ⑤　　1-2 ⑥ / ⑤

2-1

| 색깔 | 노란색 | 초록색 |
| --- | --- | --- |
| 세면서 표시하기 | ////<br>//// | ////<br>//// |
| 도형의 수(개) | 1 | 6 |

2-2

| 종류 | 동전 | 지폐 |
| --- | --- | --- |
| 세면서 표시하기 | ////<br>//// | ////<br>//// |
| 돈의 수(개) | 5 | 3 |

## 2단계 기본 유형 118~123쪽

01 (　)
(○)

02 ㉠, ㉢

03 예 다리가 있는 것과 없는 것

04 길이에 ○표

05 예 모자가 있는 것과 없는 것

06 모양

07 

08 첫째

09 열기구에 ○표

10

| 삼각형 | 사각형 | 원 |
| --- | --- | --- |
| ㉡, ㉣, ㉥ | ㉢ | ㉠, ㉤ |

11

| 노란색 | 빨간색 | 초록색 |
| --- | --- | --- |
| ㉠, ㉣, ㉦, ㉨ | ㉡, ㉢, ㉥ | ㉤, ㉧, ㉩ |

12

| 2개 | 4개 |
| --- | --- |
| ㉠, ㉢, ㉣, ㉤, ㉧, ㉨, ㉩ | ㉡, ㉥, ㉦ |

13

| 노란색 | 초록색 |
| --- | --- |
| ㉠, ㉡, ㉣, ㉤, ㉨, ㉩ | ㉢, ㉥, ㉦, ㉧, ㉪ |

14 예

| 분류 기준 | 모양 |
| --- | --- |

| 삼각형 | 사각형 | 원 |
| --- | --- | --- |
| ㉡, ㉢, ㉣ | ㉤, ㉦, ㉧, ㉪ | ㉠, ㉥, ㉨, ㉩ |

15 예

| 분류 기준 | 종류 |
| --- | --- |

| 종류 | 포도 | 사과 | 귤 |
| --- | --- | --- | --- |
| 세면서 표시하기 | ////<br>//// | ////<br>//// | ////<br>//// |
| 수(개) | 6 | 5 | 7 |

16 예

| 종류 | 농구공 | 배구공 | 축구공 |
| --- | --- | --- | --- |
| 세면서 표시하기 | ////<br>////<br>//// | ////<br>////<br>//// | ////<br>////<br>//// |
| 수(개) | 4 | 12 | 6 |

17

| 종류 | 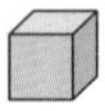 모양 |  모양 |
| --- | --- | --- |
| 수(개) | 5 | 3 |

18

| 분류 기준 | 구멍 수 |
| --- | --- |

| 구멍 수 | 2개 | 4개 |
| --- | --- | --- |
| 단추 수(개) | 7 | 6 |

| 분류 기준 | 색깔 |
| --- | --- |

| 색깔 | 빨간색 | 노란색 | 초록색 |
| --- | --- | --- | --- |
| 단추 수(개) | 4 | 4 | 5 |

19 빨간색

20

| 종류 | 사과 | 배 | 복숭아 | 바나나 |
| --- | --- | --- | --- | --- |
| 학생 수(명) | 7 | 4 | 4 | 3 |

21 예 사과

22 음료수 칸

23 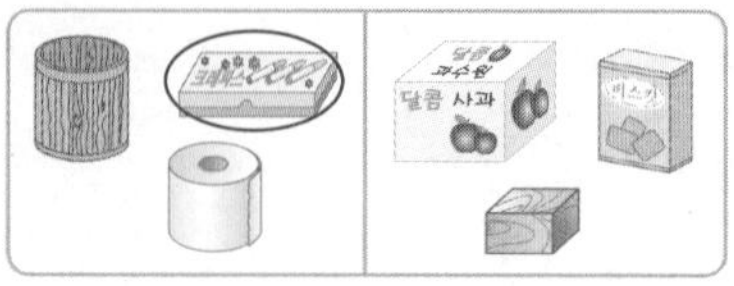

24 125에 ○표        25 초록색

26 막대

### 서술형 유형

1-1 무늬, 고리

1-2 기준1 예 빨간색, 초록색, 파란색으로 분류하여
    정리할 수 있습니다.

   기준1 예 손잡이 수에 따라 0개, 1개, 2개로 분
    류하여 정리할 수 있습니다.

2-1 10, 첨성대 / 첨성대

2-2 예 연우가 방학 동안 읽은 책은 만화책 4권, 위
    인전 4권, 과학책 2권, 동화책 5권입니다.
    가장 적게 읽은 책을 읽어야 종류별로 수가 비
    슷해지므로 연우는 과학책을 더 읽는 것이 좋습
    니다. / 과학책

### 118쪽

01 분류할 때는 누구나 같은 결과가 나올 수 있는
   분명한 기준에 따라 분류해야 합니다.
   재미있는 책과 재미없는 책은 사람에 따라 다른
   결과가 나오므로 분류 기준으로 적절하지 않습
   니다.

02 분류 대상이 주어진 기준으로 나눠질 수 있는
   지를 알아봅니다.
   ㉠ 색깔에 따라 초록색과 파란색으로 분류할
     수 있습니다.
   ㉡ 크기가 모두 다르므로 크기에 따라 분류할
     수 없습니다.
   ㉢ 모양에 따라 ⬜ 모양, ⬛ 모양, 🔵 모양
     으로 분류할 수 있습니다.

03 하늘을 날 수 있는 것과 없는 것, 다리의 수로
   도 분류할 수 있습니다.

04 바지를 길이에 따라 긴 바지와 반바지로 분류
   한 것입니다.

05 모자가 있는 것과 없는 것으로 분류한 것입니다.

06 잠자리 모양과 꽃 모양으로 분류한 것입니다.

### 119쪽

07 도형의 색깔을 보고 알맞은 색깔에 연결합니다.

08 지윤이가 정리하려고 하는 옷은 여름 옷이므로
   첫째 칸에 분류합니다.

09 열기구는 하늘에서 움직이는데 땅에서 움직이
   는 것으로 분류했으므로 잘못 분류했습니다.

10 모양에 따라 삼각형, 사각형, 원으로 분류합니다.

11 색깔에 따라 노란색, 빨간색, 초록색으로 분류
   합니다.

12 구멍 수에 따라 구멍이 2개인 단추와 4개인
   단추로 분류합니다.

### 120쪽

13 색깔에 따라 노란색과 초록색으로 분류합니다.

14 모양에 따라 삼각형, 사각형, 원으로 분류합니다.

15 종류에 따라 포도, 사과, 귤로 분류하여 수를
   셉니다.

16 종류에 따라 농구공, 배구공, 축구공으로 분류
   하여 수를 셉니다.

### 121쪽

17 모양에 따라 ⬜ 모양과 🔵 모양으로 분류하
   여 수를 셉니다.

18 기준에 따라 단추를 분류하여 수를 셉니다.

19 7>6>4>3이므로 가장 많이 필요한 화분
   색깔은 빨간색입니다.

21 많은 학생들이 좋아하는 과일을 많이 준비하는
   것이 좋으므로 가장 많은 학생들이 좋아하는
   사과를 가장 많이 준비하면 좋습니다.

**122**쪽

**22** 종류에 따라 분류하였으므로 고등어를 생선 칸으로 옮겨야 합니다.

**23** 모양에 따라 ⬭ 모양과 ⬛ 모양으로 분류하였으므로 크레파스 상자를 오른쪽 칸으로 옮겨야 합니다.

**24** 홀수와 짝수로 분류하였으므로 125를 왼쪽 칸으로 옮겨야 합니다.

> **왜 틀렸을까?** 같은 칸에 분류된 수와 공통점을 찾고 다른 칸에 분류된 수와 차이점을 찾은 다음 어떤 기준으로 수 카드를 분류하였는지 알아봅니다.

**25**

| 색깔 | 초록색 | 노란색 | 분홍색 |
|------|--------|--------|--------|
| 수(개) | 9 | 8 | 7 |

⇨ 초록색 젤리가 가장 많습니다.

**26** 막대 아이스크림을 좋아하는 학생은 5명이고 콘 아이스크림을 좋아하는 학생은 4명입니다.
⇨ 5>4이므로 더 많은 학생들이 좋아하는 아이스크림은 막대 아이스크림입니다.

> **왜 틀렸을까?** 아이스크림 맛과 상관없이 아이스크림 종류에 따라 분류하여 수를 비교해야 합니다.

**123**쪽

**1-1** 우산을 2가지로 분류할 수 있는 기준을 찾습니다. 색깔에 따라 분홍색과 노란색으로 분류해도 됩니다.

**1-2** 컵을 3가지로 분류할 수 있는 기준을 찾습니다.

> **서술형 가이드** 컵을 3가지로 분류하는 분명한 기준을 찾았는지 확인합니다.

**채점 기준**

| 상 | 분류 기준 2가지를 찾고 설명함. |
|----|------|
| 중 | 분류 기준 1가지만 찾고 설명함. |
| 하 | 분류 기준을 찾지 못함. |

**2-1** 많은 학생들이 소풍 가고 싶은 유적지에 가는 것이 좋으므로 더 많은 학생들이 가고 싶은 유적지인 첨성대에 가는 것이 좋습니다.

**2-2** 가장 적게 읽은 책을 읽어야 종류별로 수가 비슷해지므로 가장 적게 읽은 과학책을 더 읽는 것이 좋습니다.

> **서술형 가이드** 연우가 읽은 책을 종류별로 분류하여 세고 분류한 결과를 바르게 설명했는지 확인합니다.

**채점 기준**

| 상 | 분류한 결과를 이용하여 과학책을 더 읽어야 한다고 쓰고 이유를 설명함. |
|----|------|
| 중 | 분류한 결과를 이용하여 과학책을 더 읽어야 한다고 썼으나 이유에 대한 설명이 미흡함. |
| 하 | 분류한 결과를 이용하지 못해 더 읽어야 하는 책의 종류를 알지 못함. |

**3**단계 **유형평가** 단원

124~127쪽

**01** ( )
( ○ )

**02** 색깔에 ○표

**03** ㉢

**04** 긴 옷과 짧은 옷

**05**

| 윗옷 | 아래옷 |
|------|--------|
| ㉡, ㉢, ㉤, ㉥ | ㉠, ㉣, ㉮, ㉦ |

**06**

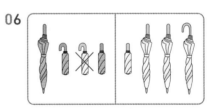

**07**

| 노란색 | 빨간색 |
|--------|--------|
| ㉠, ㉢, ㉣, ㉦, ㉧ | ㉡, ㉤, ㉮, ㉥, ㉨ |

**08**

| 알사탕 | 막대 사탕 |
|--------|-----------|
| ㉠, ㉣, ㉤, ㉮, ㉥ | ㉡, ㉢, ㉦, ㉧, ㉨ |

**09** ㉠, ㉡, ㉢

**10**

| ◯ 모양 | ⬜ 모양 | ✿ 모양 |
|---------|---------|---------|
| ㉠, ㉡, ㉤ | ㉢, ㉥ | ㉣, ㉮, ㉦ |

**11** 예

| 분류 기준 | 색깔 | |
|-----------|------|--|
| 파란색 | 빨간색 | 노란색 |
| ㉠, ㉮, ㉦ | ㉡, ㉢ | ㉣, ㉤, ㉥ |

**12**

| 삼각형 | 사각형 | 원 |
|---|---|---|
| 3 | 1 | 4 |

**13**

| 해바라기 | 튤립 | 개나리 | 백합 |
|---|---|---|---|
| 4 | 6 | 4 | 2 |

**14** 튤립      **15** 공

**16** 리본에 ○표      **17** 72에 ×표

**18** 축구

**19** 방법1 예 색깔에 따라 초록색, 빨간색, 파란색으로 분류하여 정리할 수 있습니다.

방법2 예 모양에 따라 삼각형, 사각형, 원으로 분류하여 정리할 수 있습니다.

**20** 예 소풍을 갈 때 기차를 타고 싶은 학생은 5명, 버스를 타고 싶은 학생은 7명, 비행기를 타고 싶은 학생은 3명입니다.
많은 학생들이 타고 싶은 이동 수단을 이용하는 것이 좋으므로 소풍을 갈 때 버스를 이용하는 것이 좋습니다. ; 버스

## 124쪽

**01** 진한 색과 연한 색은 사람에 따라 다른 결과가 나오므로 분류 기준으로 적절하지 않습니다.

**02** 모양이 모두 같으므로 모양에 따라 분류할 수 없습니다.

**03** 색깔에 따라 파란색, 빨간색, 노란색으로 분류한 것입니다.

**04** 옷의 길이에 따라 긴 옷과 짧은 옷으로 분류한 것입니다.

**05** 종류에 따라 윗옷과 아래옷으로 분류합니다.

## 125쪽

**06** 색깔에 따라 분류하였으므로 노란색 우산은 오른쪽 칸으로 옮겨야 합니다.

**07** 색깔에 따라 노란색과 빨간색으로 분류합니다.

**08** 종류에 따라 알사탕과 막대 사탕으로 분류합니다.

**09** 무늬가 모두 없으므로 무늬에 따라 분류할 수 없습니다.

**10** 모양에 따라 ○ 모양, □ 모양, ✿ 모양으로 분류합니다.

**11** 색깔에 따라 파란색, 빨간색, 노란색으로 분류합니다.
구멍 수에 따라 2개와 4개로 분류할 수도 있습니다.

## 126쪽

**12** 모양에 따라 삼각형, 사각형, 원으로 분류하여 수를 셉니다.

**13** 종류에 따라 해바라기, 튤립, 개나리, 백합으로 분류하여 수를 셉니다.

**14** 6>4>2이므로 가장 많은 학생들이 좋아하는 꽃은 튤립입니다.

**15** 공은 뾰족한 곳이 없는 모양이므로 책, 벽돌과 같은 모양으로 분류할 수 없습니다.

**16**

| 모양 | 꽃 | 리본 | 하트 |
|---|---|---|---|
| 머리핀 수(개) | 3 | 4 | 3 |

⇨ 4>3이므로 가장 많이 가지고 있는 머리핀의 모양은 리본 모양입니다.

## 127쪽

**17** 일의 자리 숫자에 따라 분류하였으므로 72를 가운데 칸으로 옮겨야 합니다.

**왜 틀렸을까?** 같은 칸에 분류된 수와 공통점을 찾고 다른 칸에 분류된 수와 차이점을 찾은 다음 어떤 기준으로 수 카드를 분류하였는지 알아봅니다.

**18**

| 종류 | 야구 | 축구 | 수영 | 줄넘기 |
|---|---|---|---|---|
| 남학생 수(명) | 1 | 4 | 3 | 1 |

⇨ 4>3>1이므로 남학생이 가장 좋아하는 운동은 축구입니다.

**왜 틀렸을까?** 남학생이 좋아하는 운동을 분류하여 수를 비교해야 합니다.

**19** **서술형** **가이드** 납작못을 3가지로 분류하는 분명한 기준을 찾았는지 확인합니다.

**채점 기준**

| 상 | 분류 기준 2가지를 찾고 설명함. |
|---|---|
| 중 | 분류 기준 1가지만 찾고 설명함. |
| 하 | 분류 기준을 찾지 못함. |

**20** **서술형** **가이드** 학생들이 소풍을 갈 때 타고 싶은 이동 수단을 종류별로 분류하여 세고 분류한 결과를 바르게 설명했는지 확인합니다.

**채점 기준**

| 상 | 분류한 결과를 이용하여 소풍을 갈 때 버스를 이용해야 한다고 쓰고 이유를 설명함. |
|---|---|
| 중 | 분류한 결과를 이용하여 소풍을 갈 때 버스를 이용해야 한다고 썼으나 이유에 대한 설명이 미흡함. |
| 하 | 분류한 결과를 이용하지 못해 어떤 이동 수단을 이용하는 것이 좋은지 알지 못함. |

**잘 틀리는 실력 유형** **128~129쪽**

**유형 01** 3
**01** 3가지
**유형 02** 4, 2
**02** 1장        **03** 3장
**유형 03** 30, 12, 18
**04** 7개        **05** 6권
**06** 뿔의 개수        **07** ㉢

**128쪽**

**01** 돼지와 코끼리가 4개, 오리가 2개, 돌고래와 뱀이 0개입니다.

⇨ 다리 수에 따라 3가지로 분류할 수 있습니다.

**왜 틀렸을까?** 다리가 없는 동물도 다리가 0개인 동물로 분류합니다.

**02**

| 모양 | ♡ | ☆ | ◇ | ○ |
|---|---|---|---|---|
| 수(장) | 6 | 6 | 2 | 7 |

⇨ ○ 모양은 ♡ 모양보다 7−6=1(장) 더 많습니다.

**왜 틀렸을까?** ○ 모양이 ♡ 모양보다 몇 장이 더 많은지 구할 때는 뺄셈을 이용합니다.

**03**

| 색깔 | 주황색 | 분홍색 | 초록색 |
|---|---|---|---|
| 수(장) | 6 | 6 | 9 |

⇨ 초록색은 분홍색보다 9−6=3(장) 더 많습니다.

**왜 틀렸을까?** 초록색이 분홍색보다 몇 장 더 많은지 구할 때는 뺄셈을 이용합니다.

**129쪽**

**04** 컵 20개를 색깔에 따라 빨간색, 파란색, 노란색으로 분류했습니다.

⇨ 노란색 컵은 20−5−8=7(개)입니다.

**왜 틀렸을까?** 전체 수에서 알고 있는 것을 빼어 모르는 수를 구합니다.

**05** 책 34권을 동화책, 과학책, 위인전, 시집으로 분류했습니다.

⇨ 시집은 34−13−6−9=21−6−9=6(권)입니다.

**왜 틀렸을까?** 전체 수에서 알고 있는 것을 빼어 모르는 수를 구합니다.

**06** 장난감을 뿔의 개수에 따라 1개, 2개, 3개로 분류했습니다.

**07** 뿔의 개수에 따라 분류하면 다음과 같습니다.

| 뿔의 개수 | 1개 | 2개 | 3개 |
|---|---|---|---|
| 기호 | ㉠, ㉢ | ㉣ | ㉡ |

⇨ ㉠과 같은 칸에 분류되는 것은 ㉢입니다.

## 다르지만 같은 유형

130~131쪽

**01** ( ◯ )
   (   )

**02** 예 치마와 바지

**03** ㉠, ㉢

**04**

**05**

| 사각형 | 삼각형 |
|---|---|
| ④, ⑦ | ①, ②, ③, ⑤, ⑥ |

**06** 예

| 분류 기준 | 맛 |
|---|---|

| 딸기 맛 | 바나나 맛 |
|---|---|
| ㉠, ㉡, ㉣, ㉤ | ㉢, ㉤, ㉥ |

**07** 장미

**08** 삼각형에 ◯표

**09** 가을

**10** 예 노란색

**11** 예 떡볶이

## 130쪽

01~03 핵심

누가 분류하더라도 같은 결과가 나올 수 있도록 합니다.

**01** 예쁜 것과 예쁘지 않은 것은 사람에 따라 다른 결과가 나옵니다.

**02** 옷을 색깔에 따라 분류할 수도 있습니다.

**03** ㉠ 색깔에 따라 노란색, 파란색, 빨간색으로 분류할 수 있습니다. (3가지)
㉡ 구멍 수에 따라 2개와 4개로 분류할 수 있습니다. (2가지)
㉢ 모양에 따라 원 모양, 사각형 모양, 꽃 모양으로 분류할 수 있습니다. (3가지)

04~06 핵심

분류 기준에 따라 알맞게 분류합니다.

**04** 모양에 따라 분류하였으므로 오른쪽 칸의 원은 왼쪽 칸으로 옮겨야 합니다.

**05** 모양에 따라 사각형과 삼각형으로 분류합니다.

**06** 모양에 따라 ♡ 모양과 □ 모양으로 분류할 수도 있습니다.

| ♡ 모양 | □ 모양 |
|---|---|
| ㉠, ㉡, ㉢, ㉥ | ㉣, ㉤, ㉦ |

## 131쪽

07~08 핵심

빠뜨리거나 여러 번 세지 않도록 주의하여 수를 셉니다.

**07** 조사한 것에서 장미를 세어 보면 3명인데 분류하여 센 표에서는 장미가 4명이므로 빈칸에 알맞은 꽃의 이름은 장미입니다.

**08**

| 모양 | 사각형 | 원 | 삼각형 |
|---|---|---|---|
| 수(개) | 3 | 2 | 5 |

⇨ 5>3>2이므로 가장 많이 남은 초콜릿은 삼각형입니다. 많이 남아 있을수록 적게 먹은 것이므로 삼각형 모양의 초콜릿을 가장 적게 먹었습니다.

09~11 핵심

분류하여 수를 센 결과를 보고 바르게 설명합니다.

**09** 2<3<4<5이므로 가장 적은 학생들이 좋아하는 계절은 가을입니다.

**10** 12>7>6>1이므로 가장 많이 팔린 우산의 색깔이 노란색이므로 우산을 많이 팔기 위해서는 노란색 우산을 많이 준비하는 것이 좋습니다.

**11**

| 음식 | 떡볶이 | 햄버거 | 피자 |
|---|---|---|---|
| 학생 수(명) | 9 | 4 | 2 |

⇨ 9>4>2이므로 가장 많은 학생들이 좋아하는 음식은 떡볶이이므로 간식으로 떡볶이를 먹는 것이 좋습니다.

**응용 유형**     132~135쪽

**01**

| 모양 | 삼각형 | 사각형 | 원 |
|---|---|---|---|
| 가장 큰 수 | 56 | 37 | 78 |

**02** 2개       **03** 7명

**04** 색깔, 구멍 수       **05** 동화책

**06**

| 모양 | ⬭ 모양 | ⬜ 모양 | ⚫ 모양 |
|---|---|---|---|
| 가장 큰 수 | 79 | 85 | 82 |

**07**

| 색깔 | 빨간색 | 노란색 | 파란색 |
|---|---|---|---|
| 가장 큰 수 | 2 | 3 | 3 |

**08** 4개

**09**

| | 🍓 딸기 | 🍌 바나나 | 🍫 초콜릿 |
|---|---|---|---|
| 병 | ②, ⑥ | ⑦ | ④ |
| 갑 | ①, ③ | ⑤ | ⑧ |

**10**

| 종류 | 장미 | 튤립 | 무궁화 | 국화 | 백합 |
|---|---|---|---|---|---|
| 학생 수 (명) | 10 | 5 | 6 | 8 | 7 |

**11** 귤       **12** 모양, 색깔

**13** 모양, 털이 있고 없음   **14** 포도

## 132쪽

**01** • 삼각형 ⇨ 56>51>48
     • 사각형 ⇨ 37>35>29
     • 원 ⇨ 78>52>47

**02** 빨간색 도형은 6개입니다.
     ⇨ 그중 삼각형은 2개입니다.

**03** 가을을 좋아하는 학생 수를 ☐명이라고 하면 겨울을 좋아하는 학생 수도 ☐명입니다.
     ⇨ 31-8-9=14(명)이므로
        ☐+☐=14, ☐=7입니다.

## 133쪽

**04** 왼쪽 칸, 가운데 칸, 오른쪽 칸은 단추의 색깔에 따라 노란색, 연두색, 분홍색으로 분류했고, 윗줄과 아랫줄은 구멍 수에 따라 분류했습니다.

**05** 책 수가 종류별로 비슷하려면 수가 적은 동화책을 더 사야 합니다.

## 134쪽

**06** 모양에 따라 분류할 때는 색깔은 생각하지 않도록 합니다.
     • ⬭ 모양 ⇨ 36, 58, 79
     • ⬜ 모양 ⇨ 77, 69, 85
     • ⚫ 모양 ⇨ 80, 82, 47

**07 문제 분석**

**07** ❶색깔에 따라 분류하고 / ❷각 색깔별로 가장 큰 수를 써 보시오.

| 3 | 2 | **2** | 1 | 1 |
|---|---|---|---|---|
| **1** | 3 | 1 | 2 | 3 |

| 색깔 | 빨간색 | 노란색 | 파란색 |
|---|---|---|---|
| 가장 큰 수 | | | |

❶ 도형을 색깔에 따라 분류합니다.
❷ 같은 색깔의 도형 위에 쓰인 수의 크기를 비교합니다.

❶색깔별로 도형을 분류하여 도형에 쓰인 수를 쓰면 다음과 같습니다.

| 빨간색 | 노란색 | 파란색 |
|---|---|---|
| 1, 2 | 1, 2, 3 | 1, 3 |

❷ • 빨간색 ⇨ 1과 2 중에서 더 큰 수: 2
     • 노란색 ⇨ 1, 2, 3 중에서 가장 큰 수: 3
     • 파란색 ⇨ 1과 3 중에서 더 큰 수: 3

**08** 무늬가 있는 사탕은 5개입니다.
     ⇨ 그중 노란색은 4개입니다.

**09** 문제 분석

**09** 우유를 ❶맛과 / ❷모양에 따라 분류하려고 합니다. 빈 곳에 알맞은 번호를 써넣으시오.

| | 🍓 딸기 | 🍌 바나나 | 🍫 초콜릿 |
|---|---|---|---|
| 병 | | | |
| 갑 | | | |

❶ 우유를 맛에 따라 분류합니다.
❷ 맛에 따라 분류한 우유를 각각 모양에 따라 분류합니다.

❶딸기 맛(①, ②, ③, ⑥), 바나나 맛(⑤, ⑦), 초콜릿 맛(④, ⑧)으로 분류합니다.
❷딸기 맛(①, ②, ③, ⑥), 바나나 맛(⑤, ⑦), 초콜릿 맛(④, ⑧)으로 분류한 우유를 각각 모양에 따라 병과 갑으로 분류합니다.

**10** 무궁화를 좋아하는 학생은 5명보다 많고 7명보다 적으므로 6명입니다.
⇨ (장미)=36−5−6−8−7=10(명)

## 135쪽

**11** 문제 분석

**11** 지연이네 모둠 학생들이 좋아하는 과일을 조사한 후 종류에 따라 분류한 것입니다. 빈칸에 알맞은 과일을 써넣으시오.

| ❶ | | | |
|---|---|---|---|
| 귤 | 귤 | 사과 | 포도 |
| 귤 | 사과 | 포도 | |

| ❷ 종류 | 사과 | 귤 | 포도 |
|---|---|---|---|
| 학생 수(명) | 2 | 4 | 2 |

❶ 조사한 것에서 각 과일별 학생 수를 세어 봅니다.
❷ ❶에서 센 것과 종류에 따라 분류하여 센 표를 비교하여 빈칸에 알맞은 과일을 찾습니다.

❶조사한 것에서 귤을 좋아하는 학생을 세어 보면 3명입니다.
❷분류하여 센 표에서는 귤이 4명이므로 빈칸에 알맞은 과일의 이름은 귤입니다.

참고

수를 세어 쓴 후에 합계가 자료의 수와 같은지 확인해야 합니다.

**12** 왼쪽 칸, 가운데 칸, 오른쪽 칸은 표지판의 모양에 따라 □ 모양, ◯ 모양, △ 모양으로 분류하고, 윗줄과 아랫줄은 색깔에 따라 분류합니다.

참고

왼쪽 칸, 가운데 칸, 오른쪽 칸으로 분류한 기준은 표의 위쪽에 씁니다.
윗줄과 아랫줄로 분류한 기준은 표의 왼쪽에 씁니다.

**13** 문제 분석

**13** 그림 카드를 다음과 같이 기준을 정하여 분류하였습니다. ㉠과 ㉡에 알맞은 기준을 보기 에서 찾아 쓰시오.

보기

색깔, 모양, 구멍의 수, 털이 있고 없음

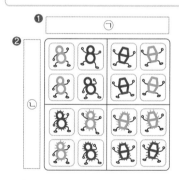

❶ 왼쪽 칸과 오른쪽 칸의 차이점을 알아보고 기준을 보기 에서 찾아 씁니다.
❷ 윗줄과 아랫줄의 차이점을 알아보고 기준을 보기 에서 찾아 씁니다.

❶왼쪽 칸과 오른쪽 칸의 그림 카드의 모양에 따라 𝟖 모양과 ⬡ 모양으로 분류했습니다.
❷윗줄과 아랫줄은 털이 있고 없음에 따라 분류했습니다.

**14** 주스를 많이 팔려면 일주일 동안 가장 많이 팔린 포도 맛 주스를 가장 많이 준비해야 합니다.

1  ❶ ㉡, ㉢

  ❷ '슈또'는 사각형이 있고 사각형을 빼면 굽은 선만 있습니다.

  ❸ ( ○ )(　　)(　　)(　　)

2  ❶

| 날씨 | 맑음 | 눈 | 흐림 | 비 |
|------|------|-----|------|-----|
| 날수(일) | 10 | 7 | 9 | 4 |

  ❷ 10, 많습니다에 ○표,
  4, 적습니다에 ○표

  ❸ 11일

## 136쪽

1  ❶ ㉠ '슈또'에는 원이 없으므로 '슈또'의 특징이 아닙니다.
  ㉣ 사각형을 빼면 곧은 선만 있는 그림은 없습니다.

  ❷ ❶에서 찾은 '슈또'의 특징을 정리하여 '슈또'라고 부르기로 한 그림은 어떤 그림인지 설명합니다.

  ❸ 슈또는 사각형이 있고 사각형을 빼면 굽은 선만 있습니다.
  따라서 사각형과 굽은 선으로만 그려진 것을 찾습니다.

## 137쪽

2  ❶ 날씨에 따라 맑음, 눈, 흐림, 비에 각각 다른 표시를 하여 수를 세어 봅니다.
  ⇨ 맑음: 10일, 눈: 7일,
   흐림: 9일, 비: 4일

  ❷ 10>9>7>4로 맑은 날이 가장 많고 비 온 날이 가장 적습니다.

  ❸ 눈이 온 날은 7일이고 비가 온 날은 4일입니다.
  ⇨ 민규가 11월에 버스를 탄 날은
   7+4=11(일)입니다.

1  7  　　　　2  5송이
3  20장  　　　4  2

## 138쪽

1  색깔에 따라 파란색, 빨간색, 노란색, 초록색으로 분류합니다. → 4가지
  모양에 따라 ♣ 모양, ☐ 모양, ○ 모양으로 분류합니다. → 3가지
  ⇨ ㉠+㉡=4+3=7

2

| 종류 | 장미 | 백합 | 국화 | 코스모스 |
|------|------|------|------|----------|
| 꽃 수(송이) | 9 | 5 | 6 | 4 |

  ⇨ 9-4=5(송이)

## 139쪽

3  모양별로 분류한 것을 보면 딱지는 모두
  16+13+21=50(장)입니다.
  노란색 딱지를 ☐장이라고 하면 파란색 딱지는 (☐+7)장입니다.
  딱지가 모두 50장이므로
  17+☐+☐+7=☐+☐+24=50,
  ☐+☐=26, 13+13=26이므로 ☐=13입니다.
  ⇨ 파란색 딱지는 13+7=20(장)입니다.

4

| 종류 | 백의 자리 수와 십의 자리 수의 차가 일의 자리 수보다 작은 수 | 백의 자리 수와 십의 자리 수의 차가 일의 자리 수와 같은 수 | 백의 자리 수와 십의 자리 수의 차가 일의 자리 수보다 큰 수 |
|------|------|------|------|
| 수 | 836, 289, 324 | 624, 341, 853 | 391, 582, 402, 261 |

  ⇨ ㉠=3, ㉡=3, ㉢=4이므로
  ㉠+㉡-㉢=3+3-4=2입니다.

# 6 곱셈

1단계 기초 문제 **143쪽**

**1-1** (1) 6, 8, 10, 12  (2) 9, 12  (3) 8, 12
**1-2** (1) 12, 16, 20, 24  (2) 12, 18, 24
　　　(3) 16, 24
**2-1** (1) 6, 18  (2) 3, 3, 18  (3) 2, 2, 18
**2-2** (1) 6, 24  (2) 4, 4, 24  (3) 8, 8, 24

## 2단계 기본 유형 **144~149쪽**

**01** (위부터) 4, 5, 6, 7, 8, 9, 10
**02**
**03** 1, 10　　**04** 6, 9, 12, 15
**05** 3 ; 10, 15　　**06** 5 ; 8, 12, 16
**07** 태구　　**08** 수아
**09** 5, 5　　**10** 3, 3
**11** 5배　　**12** 4배
**13** ○○○○○
　　○○○○○
　　○○○○○　　**14** 7, 2
**15** 4　　**16** 3배
**17** ㉢　　**18** (1) 5, 3  (2) 8, 4
**19** 8+8+8+8=32, 8×4=32
**20** ㉠　　**21** 은영
**22** (1)
　　(2) 6×3=18  (3) 18개
**23** 5, 3, 15 ; 15
**24** 4×4=16, 16개
**25** 9×5=45, 45개
**26** ㉡
**27** 2×7=14, 7×2=14
**28** 6×2=12, 3×4=12, 4×3=12

서술형 유형
**1-1** 7, 6, 42, 42, 5, 47 ; 47
**1-2** 예 3의 9배는 3×9=27입니다.
　　3의 9배보다 4만큼 더 큰 수는 27+4=31
　　입니다. ; 31
**2-1** 2, 8, 16 ; 7, 3, 21 ; 16, 21, 37 ; 37
**2-2** 예 ㉠ 3×9=27
　　　㉡ 4×6=24
　　㉠과 ㉡이 나타내는 수의 합은 27+24=51
　　입니다. ; 51

## 144쪽

**01** 1부터 순서대로 세어 봅니다.

**02** 2, 4, 6, 8, 10으로 뛰어 셉니다.

**03** 무당벌레를 3마리씩 묶으면 3묶음이 되고
1마리가 남습니다.

**04** 3씩 묶어 세면 3, 6, 9, 12, 15입니다.

**05** 꽃을 5송이씩 묶어 보면 3묶음이므로 5씩 3번
묶어 셉니다.
　⇨ 5-10-15

**06** 사과를 4개씩 묶어 보면 5묶음이므로 4씩 5번
묶어 셉니다.
　⇨ 4-8-12-16

## 145쪽

**07** 빵을 3씩 묶어 세면 4묶음, 4씩 묶어 세면 3묶
음입니다.
따라서 지온이는 '4씩 묶었더니 3묶음이었어'
라고 해야 합니다.

**08** 화살의 수는 6씩 묶으면 2묶음이고, 2자루가
남습니다.

**09** 도넛은 4씩 5묶음입니다.
4씩 5묶음은 4의 5배입니다.

**10** 지우개를 6개씩 묶어 보면 3묶음이고,
6씩 3묶음은 6의 3배입니다.

**11** 떡을 5개씩 묶어 보면 5묶음이므로
5의 5배입니다.

### 146쪽

**12** 무당벌레는 4씩 4묶음이므로
무당벌레 수는 나뭇잎 수의 4배입니다.

**13** 배추는 3개이므로 3씩 5번 ○를 그려 봅니다.

**14** 단추를 2씩 묶으면 7묶음이므로 2의 7배입니다.
단추를 7씩 묶으면 2묶음이므로 7의 2배입니다.

**15** ㉠은 모형 12개로 만든 모양이고,
㉡은 모형 3개로 만든 모양입니다.
㉠을 모형 3개씩 나누면 4묶음이므로
㉠의 길이는 ㉡의 길이의 4배입니다.

**16** 빨간색 끈은 4칸이고, 파란색 끈은 12칸입니다.
파란색 끈을 4칸씩 나누면 3묶음이므로
파란색 끈의 길이는 빨간색 끈의 길이의 3배입니다.

**17** 8의 3배는 8씩 3묶음과 같고
$8+8+8=24$입니다.
㉢ $8+3=11$

### 147쪽

**18** (1) 5의 3배는 $5 \times 3$으로 씁니다.
(2) 8의 4배는 $8 \times 4$로 씁니다.

**19** 8씩 4묶음이므로
$8 \times 4 = 8+8+8+8 = 32$입니다.

**20** 컵을 3개씩 묶으면 5묶음이므로 $3 \times 5$,
컵을 5개씩 묶으면 3묶음이므로 $5 \times 3$
으로 나타낼 수 있습니다.

**21** 은영: 3을 7번 더한 수는 $3 \times 7$과 같습니다.

**22** 구슬은 6개입니다.
6개의 3배는 $6 \times 3 = 18$로 구슬은 18개 필요합니다.

### 148쪽

**23** 5씩 3묶음 ⇨ $5 \times 3 = 15$

**24** 쌓기나무는 4개입니다.
⇨ 4의 4배 ⇨ $4 \times 4 = 16$

**25** 9씩 5묶음 ⇨ $9 \times 5 = 45$
**왜 틀렸을까?** 곱셈식으로 나타내야 하므로 몇씩 몇묶음인지 생각해 봅니다.

**26** ㉠ 3씩 8묶음 ⇨ 3의 8배 ⇨ $3 \times 8$
㉡ 4씩 6묶음 ⇨ 4의 6배 ⇨ $4 \times 6$
㉢ 6씩 4묶음 ⇨ 6의 4배 ⇨ $6 \times 4$
㉣ 8씩 3묶음 ⇨ 8의 3배 ⇨ $8 \times 3$

**27** 2씩 7묶음 ⇨ 2의 7배 ⇨ $2 \times 7 = 14$
7씩 2묶음 ⇨ 7의 2배 ⇨ $7 \times 2 = 14$

**28** **왜 틀렸을까?** 고래 12마리를 2씩, 3씩, 4씩, 6씩 묶으면 남는 것 없이 묶을 수 있습니다.

### 149쪽

**1-2** **서술형 가이드** $3 \times 9$에 4를 더하는 과정이 들어 있어야 합니다.

**채점 기준**

| 상 | 3과 9의 곱 27에 4를 더하여 구했음. |
|---|---|
| 중 | 3과 9의 곱 27은 구했지만 4를 더하지 못함. |
| 하 | 3과 9의 곱도 구하지 못함. |

**2-2** **서술형 가이드** 27과 24를 더하는 과정이 들어 있어야 합니다.

**채점 기준**

| 상 | ㉠ 27과 ㉡ 24를 더하여 51을 바르게 구함. |
|---|---|
| 중 | ㉠ 27과 ㉡ 24는 구하였으나 51을 구하지 못함. |
| 하 | ㉠ 27과 ㉡ 24 모두 구하지 못하거나 하나를 구하지 못함. |

# 3 <sub>단계</sub> 유형 <sup>단원</sup> 평가

150~153쪽

01 3 ; 12, 18

02 예
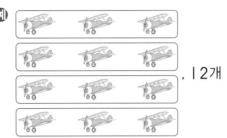

, 12개

03 하은

04 2, 2

05 6배

06 6배

07 ○○○
　　○○○
　　○○○
　　○○○

08 3, 6

09 6배

10 ④

11 (1) 4, 3　　(2) 8, 3

12 6+6+6+6=24, 6×4=24

13 은영

14 (1) ├┴┴┴┴┴┴┴┴┴┴┴┴┴┴┤
　　　0　5　10　15　20　25　30
　　(2) 4×7=28　(3) 28개

15 4, 6, 24 ; 24

16 ©

17 8×7=56, 56개

18 2×9=18, 3×6=18, 6×3=18,
　　9×2=18

19 예 5의 4배는 5×4=20입니다.
　　5의 4배보다 7만큼 더 작은 수는
　　20-7=13입니다. ; 13

20 예 ㉠ 7씩 4묶음 : 7×4=28
　　㉡ 3씩 6묶음 : 3×6=18
　　따라서 28과 18의 차를 구하면
　　28-18=10입니다. ; 10

## 150쪽

01 야구공을 6개씩 묶어 보면 3묶음이므로
　　6씩 3번 묶어 셉니다.

02 3씩 묶으면 4묶음입니다.
　　3-6-9-12로 장난감 비행기는 모두 12개
　　입니다.

03 하은: 6개씩 묶어 세면 2묶음이 되고 4개가
　　남습니다.

04 9씩 2묶음 ⇨ 9의 2배

05 별을 4개씩 묶어 보면 6묶음이므로 4의 6배
　　입니다.

## 151쪽

06 빵을 3개씩 묶어 보면 6묶음이므로 빵의 수는
　　우유의 수의 6배입니다.

07 구슬은 3개이므로 3씩 3번 ○를 그려 봅니다.

08 모자를 6씩 묶으면 3묶음이므로 6의 3배입
　　니다.
　　모자를 3씩 묶으면 6묶음이므로 3의 6배입
　　니다.

09 빨간색 끈은 2칸이고, 파란색 끈은 12칸입니다.
　　파란색 끈을 2칸씩 나누면 6묶음이므로
　　파란색 끈의 길이는 빨간색 끈의 길이의 6배
　　입니다.

10 ④ 5보다 6만큼 더 큰 수는 5+6=11입니다.

11 (1) 4의 3배 ⇨ 4×3
　　(2) 8과 3의 곱 ⇨ 8×3

## 152쪽

12 6씩 4묶음 ⇨ 6+6+6+6=24
　　　　　　　⇨ 6×4=24

13 9×3=27은 9를 3번 더한 수와 같습니다.

14 구슬은 4개입니다.
　　4의 7배는 4×7=28로 28개의 구슬이 필
　　요합니다.

15 4개씩 6묶음 ⇨ 4×6=24

## 153쪽

**16** ㉢ 6씩 3묶음 ⇨ $6×3=18$

**17** (8개씩 7상자) ⇨ (8씩 7묶음) ⇨ $8×7=56$

**왜 틀렸을까?** 곱셈식으로 나타내야 하므로 몇씩 몇 묶음인지 생각해 봅니다.

**18** 수박을 2개씩 묶으면 9묶음이므로 $2×9=18$
수박을 3개씩 묶으면 6묶음이므로 $3×6=18$
수박을 6개씩 묶으면 3묶음이므로 $6×3=18$
수박을 9개씩 묶으면 2묶음이므로 $9×2=18$

**왜 틀렸을까?** 수박을 2씩, 3씩, 6씩, 9씩 묶으면 남는 것 없이 묶을 수 있습니다.

**19** **서술형** **가이드** $5×4$에서 7을 빼는 과정이 들어 있어야 합니다.

**채점 기준**

| | |
|---|---|
| 상 | 5와 4의 곱 20에서 7을 빼서 구했음. |
| 중 | 5와 4의 곱 20은 구했지만 7을 빼지 못함. |
| 하 | 5와 4의 곱을 구하지 못함. |

**20** **서술형** **가이드** 28과 18의 차를 구하는 과정이 들어 있어야 합니다.

**채점 기준**

| | |
|---|---|
| 상 | ㉠ 28에서 ㉡ 18을 빼서 10을 바르게 구함. |
| 중 | ㉠ 28과 ㉡ 18을 구했지만 10을 구하지 못함. |
| 하 | ㉠ 28과 ㉡ 18 모두 구하지 못하거나 하나를 구하지 못함. |

**잘 틀리는 실력 유형** 154~155쪽

**유형 01** 12, 20, 12, 20, 32
**01** 56개    **02** 40개
**유형 02** 2, 18, 18, 3
**03** 2묶음    **04** 6묶음
**유형 03** 4, 4, 20
**05** 24개    **06** 35개
**07** 3, 3, 9
**08** 3 ; **예** 초록색 막대의 길이는 노란색 막대를 3번 이어 붙여야 같아지기 때문이야.

## 154쪽

**01** (바이올린 줄의 수)=$4×8=32$(개)
(거문고 줄의 수)=$6×4=24$(개)
⇨ $32+24=56$(개)

**왜 틀렸을까?** 바이올린과 거문고의 줄의 수는 각각 몇씩 몇 묶음인지 알아봅니다.

**02** (세발자전거의 바퀴 수)=$3×8=24$(개)
(네발자전거의 바퀴 수)=$4×4=16$(개)
⇨ $24+16=40$(개)

**왜 틀렸을까?** 세발자전거와 네발자전거의 바퀴 수는 각각 몇씩 몇 묶음인지 알아봅니다.

**03** (농구공의 수)=(4개씩 4묶음)
     =$4×4=16$(개)
농구공 16개를 8개씩 묶어 세면 8, 16으로 2묶음입니다.

**왜 틀렸을까?** 농구공 전체 수를 구한 다음, 전체 농구공을 8개씩 묶어 봅니다.

**04** (종의 수)=(4개씩 9묶음)
     =$4×9=36$(개)
종 36개를 6개씩 묶어 세면
6, 12, 18, 24, 30, 36으로 6묶음입니다.

**왜 틀렸을까?** 종 전체 수를 구한 다음, 전체 종을 6개씩 묶어 봅니다.

## 155쪽

**05** ★ 모양은 6개씩 4줄이므로 $6×4=24$(개)입니다.

**왜 틀렸을까?** ★ 모양은 규칙적으로 놓여 있으므로 가로 또는 세로로 묶었을 때 몇씩 몇 묶음인지 알아봅니다.

**06** ★ 모양은 7개씩 5줄이므로 $7×5=35$(개)입니다.

**왜 틀렸을까?** ★ 모양은 규칙적으로 놓여 있으므로 가로 또는 세로로 묶었을 때 몇씩 몇 묶음인지 알아봅니다.

**07** 문제집을 하루에 3장 푼 요일은
월요일, 화요일, 목요일로 3일이므로
(3씩 3묶음) ⇨ 3×3=9입니다.

**08** 6 cm에 2 cm를 3번 이어 붙일 수 있습니다.

## 다르지만 같은 유형

**156~157쪽**

**01** 3, 2   **02** ㉢

**03** 예 4씩 6묶음이므로 모두 24개입니다.
예 8씩 3묶음이므로 모두 24개입니다.

**04** 9×2, 3×6, 6×3

**05** 3×7=21, 7×3=21

**06**

| 6 | 1 | 3 | 4 | 8 |
|---|---|---|---|---|
| 9 | 4 | 5 | 4 | 3 |
| 3 | 8 | 2 | 5 | 6 |

**07** 5

**08** 7   **09** 4

**10** 11   **11** 19 cm

**12** 예 경수의 나이의 4배는 8×4=32이므로
32에 3을 더한 값인 32+3=35(살)입니다.
; 35살

## 156쪽

**01~03 핵심**

그림을 2개, 3개, 4개, ..., 씩 묶었을 때 남거나 모자라지 않는 경우를 찾아봅니다.

**01** 도넛을 2씩 묶으면 3묶음, 3씩 묶으면 2묶음입니다.

**02** ㉢ 6씩 묶으면 2묶음이 되고 4개가 남으므로
6×3은 될 수 없습니다.

**03** 구슬을 2씩 12묶음, 3씩 8묶음, 4씩 6묶음,
6씩 4묶음, 8씩 3묶음, 12씩 2묶음으로 묶을
수 있습니다.

**서술형 가이드**   구슬을 2가지 방법으로 묶어 봅니다.

**채점 기준**

| 상 | 2가지 방법을 바르게 씀. |
|---|---|
| 중 | 1가지 방법을 바르게 씀. |
| 하 | 1가지 방법도 쓰지 못함. |

**04~06 핵심**

곱이 같은 여러 가지 곱셈식을 만들 수 있습니다.

**04** 곱이 18이 되는 곱셈식은
2×9=18, 3×6=18, 6×3=18,
9×2=18입니다.

**05** 21은 3씩 7묶음이므로 3×7=21입니다.
21은 7씩 3묶음이므로 7×3=21입니다.

**06** 6×4=24, 4×6=24, 3×8=24,
8×3=24

## 157쪽

**07~09 핵심**

■씩 ▲묶음은 ●입니다.
■와 ●가 주어져 있고 ▲를 구하려면 ■씩 ●가 될 때
까지 뛰어 셀 때 몇 번 뛰어 세었는지 알아보면 됩니다.

**07** 3씩 묶어 15가 될 때까지 세어 보면
3, 6, 9, 12, 15로 5묶음입니다.

**08** 7씩 묶어 49가 될 때까지 세어 보면
7, 14, 21, 28, 35, 42, 49로 7묶음입니다.
⇨ 7×7=49

**09** 6씩 묶어 24가 될 때까지 세어 보면
6, 12, 18, 24로 6씩 4묶음입니다.
⇨ 6의 4배: 24

**10~12 핵심**

■의 ▲배보다 ●만큼 더 큰 수(작은 수)
⇨ ■×▲에 ●를 더합니다(뺍니다).

**10** 3의 5배는 3×5=15입니다.
(15보다 4만큼 더 작은 수)=15−4=11

**11** 5 cm의 3배는 5×3=15 (cm)입니다.
15 cm보다 4 cm만큼 더 긴 길이는
15+4=19 (cm)입니다.

**12** 서술형 가이드 32에 3을 더하는 과정이 들어 있어야 합니다.

채점 기준

| | |
|---|---|
| 상 | 8과 4의 곱 32에 3을 더해서 구했음. |
| 중 | 8과 4의 곱 32는 구했지만 3을 더하지 못함. |
| 하 | 8과 4의 곱을 구하지 못함. |

**159쪽**

**04** (처음 사과의 수)=7×5=35(개)
(판 사과의 수)=4×8=32(개)
(남은 사과의 수)=35−32=3(개)

**05** (가장 큰 곱)
=(가장 큰 수)×(두 번째로 큰 수)
=9×6=54
(가장 작은 곱)
=(가장 작은 수)×(두 번째로 작은 수)
=2×4=8
⇨ 54−8=46

**06** 4×□<25에서 □ 안에 들어갈 수 있는 수는 1, 2, 3, 4, 5, 6입니다.
25<6×□에서 □ 안에 들어갈 수 있는 수는 5, 6, 7, 8, 9입니다.
따라서 □ 안에 공통으로 들어갈 수 있는 수는 5, 6입니다.

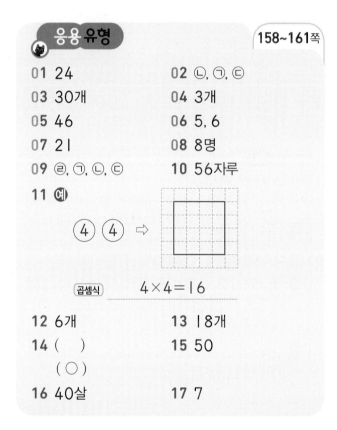

응용 유형 158~161쪽

| | |
|---|---|
| **01** 24 | **02** ㉡, ㉠, ㉢ |
| **03** 30개 | **04** 3개 |
| **05** 46 | **06** 5, 6 |
| **07** 21 | **08** 8명 |
| **09** ㉣, ㉠, ㉡, ㉢ | **10** 56자루 |
| **11** 예 | |

곱셈식 4×4=16

| | |
|---|---|
| **12** 6개 | **13** 18개 |
| **14** ( ) ( ○ ) | **15** 50 |
| **16** 40살 | **17** 7 |

**158쪽**

**01** ·6+6+6+6= 24
·6 → 12 → 18 → 24
· 6 의 4배는 24입니다.
⇨ 24>18>6이므로 가장 큰 수는 24입니다.

**02** ㉠ 3×8=24     ㉡ 5×6=30
㉢ 7×3=21
⇨ ㉡>㉠>㉢

**03** (한 상자에 넣은 쿠키 수)=3×2=6(개)
(5상자에 넣은 쿠키 수)=6×5=30(개)

**160쪽**

07 문제 분석

**07** □ 안에 알맞은 수 중 ④가장 큰 수를 구하시오.

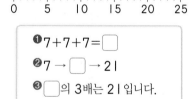

❶7+7+7=□
❷7 → □ → 21
❸□의 3배는 21입니다.

❶ 7씩 3번 뛰어 센 수를 구합니다.
❷ 7씩 뛰어 셀 때 7 다음 수를 구합니다.
❸ □씩 3번 뛰어 세면 21일 때 □를 구합니다.
❹ 수의 크기를 비교하여 가장 큰 수를 씁니다.

❶7+7+7= 21
❷7 → 14 → 21
❸ 7 의 3배는 21입니다.
❹21>14>7이므로 가장 큰 수는 21입니다.

**08** (사람 수)=(4명씩 2팀)=4×2=8(명)

09 **문제 분석**

09**②**큰 수부터 차례로 기호를 쓰시오.

> ㉠ 7씩 3줄　　㉡ 5씩 4묶음
> ㉢ 8의 2배　　㉣ 4의 9배

**❶** 곱셈식으로 나타내어 수를 구합니다.
**❷** 수의 크기를 비교합니다.

**❶**㉠ 7×3=21　　㉡ 5×4=20
　㉢ 8×2=16　　㉣ 4×9=36
**❷**㉣>㉠>㉡>㉢

10 **문제 분석**

**10** 희진이는 **❶**연필을 4자루씩 묶었습니다. 한 상자에 연필을 2묶음씩 넣었을 때 / **❷**7상자에 넣은 연필은 모두 몇 자루입니까?

**❶** 4의 2배를 구합니다.
**❷** (4의 2배)의 7배를 구합니다.

**❶**(한 상자에 넣은 연필 수)=(4씩 2묶음)
　　　　　　　　　　　　　=4×2=8(자루)
**❷**(7상자에 넣은 연필 수)=(8씩 7묶음)
　　　　　　　　　　　　　=8×7=56(자루)

**11** 두 수를 정하고 가로와 세로에 칸수에 맞게 사각형을 그립니다.
　다양한 방법으로 사각형을 그릴 수 있습니다.

예
③ ⑥ ⇨

## 161쪽

**12** 6×3=18, 5×5=25이므로 □ 안에 들어갈 수 있는 수는 19, 20, 21, 22, 23, 24로 모두 6개입니다.

13 **문제 분석**

**13** 과일 가게에 **❶**배가 한 상자에 6개씩 8상자 있습니다. 이 배를 **❷**한 봉지에 5개씩 넣어 6봉지 팔았습니다. / **❸**남은 배는 몇 개입니까?

**❶** 처음 배의 수를 구합니다.
**❷** 판 배의 수를 구합니다.
**❸** 남은 배의 수를 구합니다.

**❶**(처음 배의 수)=(6씩 8묶음)
　　　　　　　　=6×8=48(개)
**❷**(판 배의 수)=(5씩 6묶음)
　　　　　　　　=5×6=30(개)
**❸**(남은 배의 수)=48-30=18(개)

**14** 24를 3씩 묶으면 3, 6, 9, 12, 15, 18, 21, 24로 3씩 8묶음입니다.
24를 4씩 묶으면 4, 8, 12, 16, 20, 24로 4씩 6묶음입니다.
⇨ 3×[8]=24, 4×[6]=24

15 **문제 분석**

**15** 수 카드 5장 중 2장을 뽑아 두 수의 곱을 구하려고 합니다. **❶**곱이 가장 클 때와 / **❷**곱이 가장 작을 때의 / **❸**곱의 차를 구하시오.

| 3 | 7 | 8 | 2 | 5 |

**❶** 곱이 가장 크려면 가장 큰 수와 두 번째로 큰 수의 곱을 구해야 합니다.
**❷** 곱이 가장 작으려면 가장 작은 수와 두 번째로 작은 수의 곱을 구해야 합니다.
**❸** ❶과 ❷의 차를 구합니다.

**❶**(가장 큰 곱)
　=(가장 큰 수)×(두 번째로 큰 수)
　=8×7=56
**❷**(가장 작은 곱)
　=(가장 작은 수)×(두 번째로 작은 수)
　=2×3=6
**❸**⇨ 56-6=50

**16** (선혜 나이)=4×2=8(살)
　(선혜 아버지의 나이)=8×5=40(살)

정답 및 풀이

**17** 문제 분석

**17** I부터 9까지의 수 중 ❸ 안에 공통으로 들어갈 수 있는 수를 모두 쓰시오.

$$5 \times \square < 40 < 6 \times \square$$
      ❶          ❷

❶ $5 \times \square < 40$에서 □ 안에 들어갈 수 있는 수를 구합니다.

❷ $40 < 6 \times \square$에서 □ 안에 들어갈 수 있는 수를 구합니다.

❸ ❶, ❷에 공통으로 들어갈 수 있는 수를 구합니다.

❶ $5 \times \square < 40$에서 □ 안에 들어갈 수 있는 수는 I, 2, 3, 4, 5, 6, 7입니다.

❷ $40 < 6 \times \square$에서 □ 안에 들어갈 수 있는 수는 7, 8, 9입니다.

❸ 따라서 □ 안에 공통으로 들어갈 수 있는 수는 7입니다.

**사고력** 유형

**1** ❶ $3 \times 7 = 21$, $7 \times 3 = 21$
   ❷ 예 $4 \times 8 = 32$, $8 \times 4 = 32$

**3** ❶ 5배   ❷ 3배   ❸ 2배

**162**쪽

**1** ❶ 3개씩 7줄 ⇨ $3 \times 7 = 21$
     7개씩 3줄 ⇨ $7 \times 3 = 21$
  ❷ 4개씩 8줄 ⇨ $4 \times 8 = 32$
     8개씩 4줄 ⇨ $8 \times 4 = 32$

참고

❷ 2개씩 16묶음 ⇨ $2 \times 16 = 32$
16개씩 2묶음 ⇨ $16 \times 2 = 32$도 정답입니다.

**163**쪽

**2** ❶ 주황색 막대의 길이는 빨간색 막대의 길이를 5번 이어 붙인 것과 같기 때문에 5배입니다.

**도전! 최상위** 유형

**1** 7           **2** 36장
**3** 8           **4** II개

**164**쪽

**1** $6 \times 8 = 48$은 $5 \times \square$보다 I3만큼 더 크므로 $5 \times \square$는 $48 - 13 = 35$입니다.
$5 \times \square = 35$가 되려면 □ = 7입니다.

**2** 색종이를 5장씩 묶으면 I장이 남으므로 6, II, I6, 2I, 26, 3I, 36, 4I, 46 중 하나입니다.
이 중에서 6장씩 묶으면 딱 맞게 묶을 수 있는 수는 6, 36입니다.
이 중에서 7장씩 묶으면 I장이 남는 수는 36입니다.
따라서 색종이는 36장입니다.

**165**쪽

**3** 같은 한 자리 수를 곱했을 때 곱이 한 자리 수가 되며 ㉠과 ㉡이 서로 다른 경우는 $2 \times 2 = 4$, $3 \times 3 = 9$입니다.
$4 \times 4 = 16$으로 16은 두 자리 수이므로 ㉠은 3보다 크면 안 됩니다.
· $2 \times 2 = 4$인 경우:
  ㉠ = 2, ㉡ = 4 ⇨ ㉡ - ㉠ = $4 - 2 = 2$ (○)
· $3 \times 3 = 9$인 경우:
  ㉠ = 3, ㉡ = 9 ⇨ ㉡ - ㉠ = $9 - 3 = 6$ (×)
⇨ ㉠과 ㉡의 곱은 $2 \times 4 = 8$입니다.

**4** 합: $3 + 5 = 8$, $3 + 7 = 10$, $3 + 9 = 12$,
     $5 + 7 = 12$, $5 + 9 = 14$, $7 + 9 = 16$
곱: $3 \times 5 = 15$, $3 \times 7 = 21$, $3 \times 9 = 27$,
     $5 \times 7 = 35$, $5 \times 9 = 45$, $7 \times 9 = 63$
따라서 만들 수 있는 서로 다른 수는 8, 10, 12, 14, 15, 16, 21, 27, 35, 45, 63으로 II개입니다.

# 참 잘했어요

수학의 모든 유형 문제를 풀 정도로
실력이 성장한 것을 축하하며
이 상장을 드립니다.

이름 _____

날짜 _____ 년 _____ 월 ____ 일